"十三五"江苏省高等学校重点教材
（编号：2018-1-058）

工业和信息化普通高等教育"十三五"规划教材立项项目
21世纪高等教育计算机规划教材

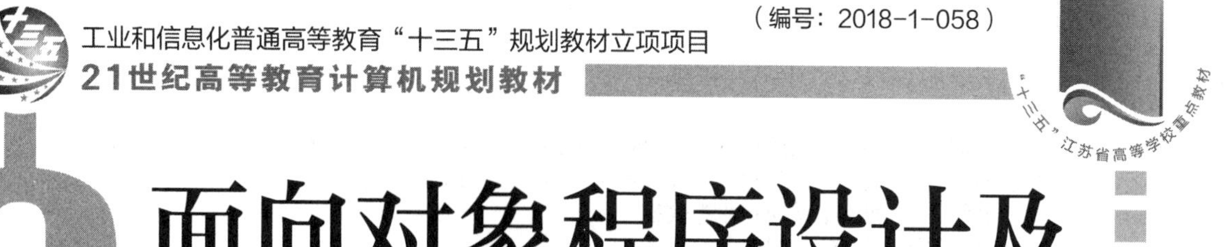

面向对象程序设计及C++实验指导（第3版）

The Answer and Practice of Object-Oriented Programming and C++

朱立华 俞琼 郭剑 主编

人民邮电出版社
北京

图书在版编目（CIP）数据

面向对象程序设计及C++实验指导 / 朱立华，俞琼，郭剑主编. -- 3版. -- 北京 : 人民邮电出版社，2020.2
21世纪高等教育计算机规划教材
ISBN 978-7-115-52941-1

Ⅰ. ①面… Ⅱ. ①朱… ②俞… ③郭… Ⅲ. ①C++语言－程序设计－高等学校－教学参考资料 Ⅳ. ①TP312.8

中国版本图书馆CIP数据核字(2019)第290269号

内 容 提 要

C++语言同时支持面向过程和面向对象的程序设计，是目前绝大部分高校程序设计课程及编程爱好者首选的编程语言之一。学好 C++语言需要通过大量习题巩固理论知识，更需要通过系统的实验训练运用知识，从而真正掌握面向对象的程序设计方法。

本书是《面向对象程序设计及 C++（附微课视频 第 3 版）》（ISBN 978-7-115-52692-2）的配套教材，其特点是解析清晰透彻，习题面广量大，实验指导详细。全书由四部分组成：第一部分是主教材中的思考与练习解析，方便有余力的读者深入学习；第二部分是主教材每章后的习题参考答案及解析，帮助读者正确解题；第三部分给出了与主教材每一章内容配套的补充习题，以弥补主教材因篇幅所限习题量少、题型不全面的缺憾，并给出对应的参考答案；第四部分是实验指导，安排了 8 个与教材配套的实验，每个实验包括详细的实验目的、实验要求、实验题目、实验指导，对初学者全面掌握面向对象的程序设计及 C++语言大有裨益。

本书可作为高等院校面向对象程序设计及 C++语言课程的辅导教材，也可作为自学者学习 C++语言的参考用书。

◆ 主　　编　朱立华　俞　琼　郭　剑
责任编辑　武恩玉
责任印制　王　郁　陈　犇

◆ 人民邮电出版社出版发行　　北京市丰台区成寿寺路 11 号
邮编　100164　　电子邮件　315@ptpress.com.cn
网址　http://www.ptpress.com.cn
大厂回族自治县聚鑫印刷有限责任公司印刷

◆ 开本：787×1092　1/16
印张：15.25　　　　2020 年 2 月第 3 版
字数：343 千字　　　2024 年12月河北第 9 次印刷

定价：45.00 元

读者服务热线：(010)81055256　印装质量热线：(010)81055316
反盗版热线：(010)81055315
广告经营许可证：京东市监广登字 20170147 号

前　言

无论学习何种程序设计语言，仅仅掌握理论知识是不够的，其最终目的应该是能够编写出结构清晰、功能完整的程序。因此，程序设计语言课程是一门对实践环节要求很高的课程。初学者想要真正掌握用 C++语言进行面向对象的程序设计，必须抓住两个重要环节：一是多做习题，通过各种练习全面掌握所学的基础知识；二是多上机实践，进而熟练掌握面向对象的编程。这两个方面缺一不可，没有坚实的基础知识作铺垫，想要设计出高水平的程序是不可能的；掌握基础知识的最终目的是为了能够编写出更好的程序。为此，我们编写了这本习题解析及实验指导书。

本书分四个部分：第一部分，对主教材中提出的思考与练习部分给出详细的分析与解答，以帮助学有余力的读者进一步深入理解知识；第二部分是主教材每章后的习题参考答案及解析，帮助初学者及时巩固和运用本章知识；第三部分给出了与主教材每一章内容配套的补充习题，主教材受篇幅限制，习题数量相对较少，题型也比较有限，因此，本书在这一部分，对应每章内容给出了大量的补充习题，丰富了题型题量，题目覆盖了教材所有的知识点，对学生更好地掌握理论知识很有帮助；第四部分是实验指导，详细介绍 Microsoft Visual Studio 2010 集成开发环境及其使用，并精心设计了 8 个实验，对每个实验明确了实验目的、实验要求和实验题目，并对每一个题目给出必要的实验指导，帮助学生明确每个实验题的训练方向，而不仅仅满足于写出程序。认真完成这 8 个实验，对全面掌握面向对象的程序设计及 C++语言是非常关键的。

朱立华编写了本书第一部分～第三部分第 2 章、第 6 章、第 8 章和第四部分的全部内容；俞琼编写了本书第一部分第 3 章、第 4 章，第二部分和第三部分第 1 章、第 3 章、第 4 章的对应内容；郭剑编写了本书第一部分～第三部分第 5 章和第 7 章的对应内容。全书由朱立华、俞琼统稿。

由于编者水平有限，不当之处在所难免，在此恳请广大读者批评指正。

作　者

2019 年 9 月

目 录

第一部分 教材思考题解析

第 2 章　C++对 C 的改进及扩展

1．例 2–4 的思考题：

① 在程序的第 10 行之后增加一条语句“cout << i;”，重新编译链接程序，有什么现象？请解释原因。

② 将程序中的第 8 行注释掉，即删除局部变量 sum 的定义语句，其余代码不变，程序运行结果是什么？请解释原因。

③ 恢复第 8 行，即保留局部变量 sum 的定义语句，然后将第 3 行注释掉，即删除全局变量 sum 的定义，重新编译程序，会有怎样的提示？请解释原因。

【分析与解答】① 重新编译链接程序，在新增的这一行会有出错提示“error C2065:“i”：未声明的标识符”。这是因为，i 变量是在 for 语句中定义的，其作用域仅限于 for 语句，也就是在第 10 行之后增加的语句中涉及的变量 i 就超出了第 9 行定义的 i 的作用域了，所以被系统认为是未声明的标识符。

② 删除局部变量 sum 的定义，重新编译链接程序，正确，运行结果如下。

```
局部 sum=5130
全局 sum=10260
```

因为程序中只有全局变量，程序中 sum 和::sum 表达的都是全局变量，所以 3 个元素的和值 80 累加到 sum 中，5050+80 的结果为 5130，所以第 1 行的结果是 5130，至于提示信息还是按原来的。再执行语句“::sum += sum;”，这两种形式的 sum 都是全局变量，于是 5130 被加到 5130 的 sum 中得到了 10260，是 5130 的两倍，最后一行输出的结果就是 10260。

③ 保留局部变量 sum 的定义语句，同时删除全局变量 sum 的定义，重新编译程序，会有两个报错，分别定位于第 12 行和第 13 行，错误信息均为“error C2039:“sum”不是“global namespace”的成员”，由此可见，对于局部变量 sum，其前面不可以加域解析符“::”表示。

2．例 2–5 的思考题：

① 将第 4 行改为“void Fun(int i,int j,int k)；”，同时将第 13 行改为“void Fun(int i,int j=5,int k=10) ;"，编译链接程序有什么现象？请解释原因。

② 恢复第4行和第13行，将第10行分别改为"Fun();"和"Fun（20, ,40）;"，观察编译结果。

③ 还原第10行，将第4行改为"void Fun(int i,int j=5,int k);"，观察编译结果。

【分析与解答】① 将第4行改为"void Fun(int i,int j,int k) ;"，同时将第13行改为"void Fun(int i,int j=5,int k=10) ;"，编译链接程序会有报错，显示的出错位置在源程序的第8行和第9行，分别显示"error C2660:"Fun":函数不接受1个参数"和"error C2660:"Fun"：函数不接受2个参数"。其根本原因是在函数声明中删去了默认参数值，而在后面定义的首部再给默认参数系统不认。所以，默认参数值的给定需在函数的声明里（如果函数先声明后定义）或者在函数首部（函数直接定义）。

② 恢复第4行和第13行，将第10行改为"Fun();"，编译后给出一个报错"error C2660:"Fun"：函数不接受0个参数"，这是因为函数只提供了后两个形参的默认值，第一个形参没有默认值，所以需要在调用的时候提供实际参数（简称实参），该函数的调用至少需要一个实参；如果将第10行改为"Fun（20, ,40）;"，则编译的时候报一个错"error C2059:语法错误:",""，这是因为提供实参时应当从左到右，中间不能有间隔。相应地，提供默认参数值时要求从右到左，中间没有间隔。

③ 还原第10行，将第4行改为"void Fun(int i,int j=5,int k);"，则编译的时候报一个错"error C2548:"Fun"：缺少参数3的默认参数"，这是因为，提供默认参数值时要求依次从右到左，所以只有在给定了第3个参数的默认值的前提下，才可以给第2个参数的默认值。

3. 例2-6的思考题：

① 将第4行的"int square (int x)"改为"int square (int x = 100)"，其余代码不变，重新编译链接程序，会有什么现象？请解释原因。

② 将第4行的"int square (int x)"改为"int square (int x , int y = 1)"，同时将第6行代码改为"{ return x * x + y * y; }"，重新运行程序，会有怎样的结果？请解释原因。

【分析与解答】① 将第4行的"int square (int x)"改为"int square (int x = 100)"，其余代码不变，重新编译链接程序，则有一个报错"error C2668: "square":对重载函数的调用不明确"，就是代码第18行的square()函数调用不明确，因为这样修改之后，重载函数的第一个版本"int square (int x = 100)"和第三个版本"double square (double x = 1.5)"都带有默认参数值，都可以不提供实参，从而使 square()函数无法确定调用哪个版本的函数。

② 将第4行的"int square (int x)"改为"int square (int x , int y = 1)"，同时将第6行代码改为"{ return x * x + y * y; }"，重新运行程序，则输出结果如下。

```
square()=2.25
square(10)=101
square(2.5f)=6.25
square(1.1)=1.21
```

可以看到，第 2 行的输出结果为 101，函数 square(10) 调用的是第一个版本的函数，第二参数用的是默认参数值，该调用无歧义。

由以上两种修改导致的不同结果说明，重载函数结合默认参数值，只要保证每一次函数调用能匹配到唯一的一个重载函数版本就是正确的，不允许调用有歧义。

4. 例 2-10 的思考题：

① 将第 11 行的“sum=new int(0)”改为“sum=new int”，其余代码不变，重新编译链接、运行程序，会有什么现象？请解释原因。

② 将第 11 行的代码恢复成“sum=new int(0)”，同时将第 18 行的“(*sum)++”改为“*sum++”，其余代码不变，重新编译链接、运行程序，会有什么现象？请解释原因。

【分析与解答】① 将第 11 行的“sum=new int(0)”改为“sum=new int”，其余代码不变，重新编译链接程序，无报错；运行程序，则显示的奇数个数与实际统计结果不吻合，是一个很大的负数。原因就在于，改为“sum=new int”之后，动态空间*sum 的初值为一个随机值，而未修改前“sum=new int(0);”是在申请了一个 int 型的动态空间*sum 之后立即对*sum 初始化为 0，所以保证了统计结果的正确性。因此在申请完动态空间后要做及时的赋值或读入处理，保证获得有意义的值。

② 将第 11 行的代码恢复成“sum=new int(0)”，同时将第 23 行代码“(*sum)++”改为“*sum++”，其余代码不变，重新编译链接程序，无报错；运行程序，则显示的奇数个数与实际统计结果不吻合，看不出什么意义，在输出结果之后弹出一个意外终止框，原因就在于，原来的代码“(*sum)++”就是指*sum 自增 1，这是没有问题的。而改为“*sum++”后，根据单目运算符右结合的特性，先执行 sum++，指针自增 1，即向后移动 4 个字节，然后再用*sum 访问当前值，所以，如果有 15 个奇数，则 sum++执行了 15 次，最终 sum 指针所指向的内存空间就不是当初用 new 申请到的空间了，对这个空间用 delete 释放必然出错，而且这个未知空间中的值肯定不会是实际奇数的个数，所以输出结果无意义。

5. 例 2-11 的思考题：

① 删除代码的第 12 行、第 19 行、第 22 行，也就是不用 try-catch 进行异常处理。重新编译链接、运行程序，会有什么现象？请解释原因。

② 代码恢复原样，然后将第 16 行代码中的“divide(a,c)”改为“divide(a,c+1)”，其余代码不变，重新运行程序，会有什么现象？

【分析与解答】① 删除代码的第 12 行、第 19 行、第 22 行，重新编译链接程序，无报错。重新运行程序，则输出前两行。

```
a/b=2
b/a=0
```

然后弹出一个意外终止框，程序运行停止。这是因为第三次调用的时候出现了除数为 0 的现象，这是无法正常运算的，在未启用 try-catch 进行异常处理的情况下，只能意外终止，影响了程序的健壮性。由此也可以看到异常检测及处理的必要性。

② 代码恢复原样，然后，将第 16 行代码中的“divide(a,c)”改为“divide(a,c+1)”，其余代码不变，重新编译链接程序，无报错。重新运行程序，输出结果如下。

```
a/b=2
```

```
b/a=0
a/c=10
c/b=0
calculate finished
```

显然 try 块中检测的 4 条语句都没有在 divide 函数中通过 throw 抛出异常，于是 main() 函数的 catch 块中的语句都没有被执行，程序无任何异常，因此输出 4 个除法结果后接着输出 catch 块后的输出内容 calculate finished，程序正常结束。可见，在没有异常发生时 catch 块中的内容不执行，不影响正常情况下的输出结果。

第 3 章　类与对象的基本知识

1. 例 3-1 的思考题：

数据成员都有自己的访问属性，例 3-1 中数据成员访问属性均为 public，如果将其中的部分属性改为 private，试试看，在 main()中还能否用“.”操作符直接访问。

【分析与解答】不能，因为私有属性是不对外公开的，用于信息隐藏。

2. 例 3-4 的思考题：

在例 3-4 的 main()函数中添加如下一条语句。

```
cout << "date1 occupies " << sizeof(date1) << " bytes." << endl;
```

与例 3-1 的输出结果比较，你能得出什么结论？

【分析与解答】对应的输出结果如下。

```
date1 occupies 12 bytes.
```

输出对象 date1 占用的内存空间和例 3-1 是一样的，说明给类添加成员函数不会影响对象的大小，成员函数存储在内存中，但只有一份，与创建对象的数量无关。当用 sizeof 运算符计算对象占用的字节时，仅计算数据成员，不包括成员函数代码所占空间。

3. 例 3-5 的思考题：

① 如果将 li03_05_main.cpp 中的“#include"li03_02.h"”改为“#include <li03_02.h>”，重新编译会怎样？为什么？

② 如果将例 3-4 中的函数调用语句“date2.Display();”改为如下形式。

```
cout << date2.Date_Year << "-" << date2. Date_Month << "-"
     << date2. Date_Day << endl;
```

重新编译会怎样？为什么？

③ 如果需要显示单独的数据成员，应该怎样编写输出语句？

【分析与解答】① 重新编译，程序会出现如下错误提示。

```
fatal error C1083: Cannot open include file: ' li03_02.h ': No such file or directory。
```

因为在文件包含指令中，如果用一对尖括号，则直接到系统文件夹下查找该文件，而不是到当前文件夹下查找，所以找不到此文件。该文件为用户自己定义的头文件，一般放在用户文件夹中，不属于名字空间的范围。

② 重新编译这个程序时，编译系统会指示最后一条语句错误。

```
cannot access private member declared in class 'CDate'。
```

原因很简单，因为在类外不能通过对象直接访问类的私有成员。

③ 因为是显示单独的数据成员，该例中数据成员均为私有成员，不能直接引用，因此应该通过公有成员函数访问私有成员，语句如下。

```
cout << date2.GetYear() << "-" << date2.GetMonth()
     << "-" << date2.GetDay() << endl;
```

4. 例 3-6 的思考题：

① 将例 3-6 中的函数 SetDate()的 3 条语句均改写成带 this 指针的语句。

② 将例 3-6 中的函数 Display()中的最后一条语句改写如下。

```
cout << "year=" << Date_Year <<" ,month =" << Date_Month << endl;
```

重新编译运行程序，结果是否有变化？

【分析与解答】① 因为类的成员函数都自带 this 指针，在大部分程序中一般不显式地写出 this 指针，但实际上与显式写出 this 指针效果是一样的，因此，改写后带 this 指针的等效函数代码如下。

```
void Date:: SetDate(int y,  int m,  int d)
{
   this-> Date_Year =y;
   this-> Date_Month =m;
   this-> Date_Day =d;
}
```

② Display()中的最后一条语句改写之后重新编译运行程序，结果没有变化。因为 this 指针在函数中一般缺省，所以改写后结果不会有变化。

5. 例 3-7 的思考题：

将例 3-7main()中的第一条语句：“CDate today(2019,3,9);”改为“CDate today;”，重新编译肯定有错误信息，如何以最简单的方式修改程序，保证 main()的函数第一条语句为“CDate today;”时，程序运行结果与例 3-7 的运行结果相同？

【分析与解答】直接改为“CDate today;”后编译器会指出这条语句非法，并给出错误原因“no appropriate default constructor available”，即找不到合适的构造函数。而这一点是初学者很容易疏漏的地方，在本章的后一节会重点讲述，在此提醒读者注意。在类的定义中，只定义了一个带 3 个形式参数（简称形参）的构造函数，要求对象提供对应的 3 个实参。根据第 2 章的知识，函数是可以带默认参数值的，构造函数也一样。因此，最简单的解决方案就是在类内声明构造函数原型的时候提供 3 个默认参数值，即将语句“CDate(int , int , int);”改为“CDate(int=2019 , int=3 , int=9);”，则程序的运行结果就与例 3-7 完全相同。

6. 3.4.2 节的思考题：

假设类定义中已有如下两个构造函数。

```
CDate(int y, int m, int d );
CDate();
```

下面的语句合法吗？如果有问题，原因是什么？

```
CDate day1(2011,5,1);
CDate day2;
CDate day3 (2011);
```

```
CDate day4();
```

【分析与解答】

```
CDate day1(2011,5,1);        //合法
CDate day2;                  //合法
CDate day3 (2011);           //非法
CDate day4();                //有问题
```

前两个对象的定义是合法的，因为分别可以自动调用有 3 个形参和无参的构造函数；对象 day3 的定义非法，因为程序中没有提供只需要 1 个实参的构造函数，已定义的带参构造函数不具有默认值，因此该对象找不到可以自动调用的重载构造函数；最后一条有问题的语句严格说并不是非法的，只是该语句实际的意思并不是编程者原本希望的那样。如果认为它是对名为 day4 的一个对象的定义，就是错误的。它实际上可以理解为一个名为 day4 的函数的声明，该函数不带参数，返回 CDate 型的一个值。如果要声明一个名为 day4 的对象且不提供实参，则应采用与 day2 一样的方式定义，即“CDate day4;”。

7. 例 3-8 的思考题：

在 li03_08_main.cpp 中增加一条定义语句“CDate otherday(2011,4);”，同时在“return 0;”之前增加一条语句“otherday.Display();”，重新编译程序，结果是否正确？新增的最后一行输出结果是什么？

【分析与解答】本程序中的构造函数提供了 3 个默认参数值，定义对象时需要提供的实参的个数可以是 0～3 个，因此所增加的对象 otherday 仅提供前两个实参是正确的。由于增加了一条调用 Display 的语句，最后一行新增加的输出为：2011-4-1。

8. 3.4.4 节的思考题：

若定义一个柜子类型 CCupboard 如下。

```
class CCupboard
{
    double Length , Width, Height ;   //表示柜子的长、宽、高
public: ……//  声明各成员函数
};
```

柜子可能是正方体，也可能是长方体，要实现用语句“CCupboard Cfood(50);”来定义一个棱长为 50 的正方体柜子，构造函数应怎样设计？

【分析与解答】要实现用语句“CCupboard Cfood(50);”来定义一个棱长为 50 的正方体柜子，需要重载含有一个形参的构造函数。

```
CCupboard ( double x ): Length(x) , Width(x), Height(x)
{}
```

这样的重载构造函数可以用一个形参 x 的值分别初始化长、宽、高。由于构造函数只有单一形参，所以必要时编译器可将它用于类型的隐式转换。示例代码如下。

```
CCupboard Cfood;
Cfood=30.5;
```

第一条语句调用默认构造函数或有默认参数值的构造函数创建 Cfood。第二条语句将用实参 30.5 调用构造函数“CCupboard (double x)”，进行从类型 double 到 CCupboard 的隐式转换，相当于“Cfood = Cfood(30.5)”。

9. 3.4.5 节的思考题：

假设类 Point 有 3 个重载的构造函数，其原型分别如下。

```
Point(int x, int y) ;  Point () ;  Point (const Point &t) ;
```

有如下语句，请分析各自调用哪种构造函数。

```
(a)Point  p1(3,5) ;       (b) Point p2;       (c) Point p3(p1);
(d)Point  p4 = p1;        (e) p2 = Point(4,5)。
```

【分析与解答】定义新对象时均要调用构造函数，而匹配重载函数的基本原则就是实参应与形参对应，根据实参是否是类的对象可以判断调用的是复制构造函数还是普通构造函数，因此以上定义的 5 个对象：（a）调用带参的构造函数；（b）调用无参构造函数；（c）调用复制构造函数；（d）调用复制构造函数，此定义等效于“Point p4(p1)”；（e）调用构造函数，p2 已经定义，由 Point(4,5)构造一个无名对象，并将对象的成员值赋值给 p2，通过默认的赋值符号重载函数完成（见第 7 章多态性），此处不是调用复制构造函数。

10. 例 3-11 的思考题：

本例中如果内存分配失败，会抛出异常并终止程序，若希望管理此类故障，让程序顺利运行，应如何优化代码？

【分析与解答】在使用 new 操作符为变量分配内存时，若分配失败会抛出异常 bad_alloc ，可以在构造函数中添加异常处理。

```
CMessage(const char* text = "中国一点也不能少!")   //构造函数
 {
     try
     {
         pmessage = new char[strlen(text) + 1]; //申请动态空间
         strcpy_s(pmessage, strlen(text) + 1 , text);
     }
     catch(bad_alloc &bad)
     {
         cout << "Memory allocation failed." << endl;
         cout << bad.what() << endl;
     }
 }
```

what()函数是异常类的成员函数，描述抛出异常的原因。

11. 例 3-16 的思考题：

将 li3_16_main.cpp 中的“CDate &pDate = DateA;”改为两条语句“CDate &pDate; pDate = DateA;”，重新编译运行程序，观察错误信息并解释原因。

【分析与解答】无论是对象引用或是普通变量引用，都要求在定义之初作初始化，并且一旦经过初始化，在程序中的别名关系将不会被更改。以上的修改，是先定义一个引用 pDate，再对其进行赋值，试图通过赋值的方式使其获得指代的对象，但这是不对的，赋值与初始化有着本质的区别。因此上机编译时共出现 4 个报错信息。

```
li03_16_main.cpp(4): error C2530: “pDate”: 必须初始化引用
li03_16_main.cpp(5): error C4430: 缺少类型说明符
li03_16_main.cpp(5): error C2040: “pDate”:“int”与“CDate &”的间接寻址级别不同
li03_16_main.cpp(5): error C2440: “初始化”:无法从“CDate”转换为“int”
```

12. 例 3-20 的思考题：

① 将主函数中作为左值的函数调用语句由“Fun(DateA) = CDate(2019,10,1);”改为“Fun(tDate) = CDate(2019,10,1);”，重新运行程序，请写出输出结果的最后 6 行，并分析与例 3-20 结果最后 6 行的区别及原因。

② 将本例中的函数修改如下。

```
CDate & Fun(CDate  &pDate)          //对象引用作形参并返回引用
{
    CDate qDate;                    //定义局部对象 qDate
    qDate.ModifyDate(2019, 10, 1);
    return qDate;                   //引用返回 qDate，不安全，有警告
}
```

重新编译会产生告警信息，为什么？

【分析与解答】① 语句的修改其实就体现在函数调用时实参由 DateA 改为了 tDate，这时 pDate 成为实参 tDate 的别名，因此函数内修改的是 tDate，返回的其实也是 tDate，最后通过赋值 tDate 获得了无名对象的值“2019-10-1”，而这一调用过程与 DateA 无关，因此它还保持前面得到的“2019-3-13”这个值。函数运行最后 6 行的结果如下。

```
After left Fun, DateA:
2019-3-13
After left Fun, tDate:
2019-10-1
Destructor called.
Destructor called.
```

其中有两行的结果有变化。

② 程序重新编译时系统会给出如下告警提示。

```
li03_20_main.cpp(13): warning C4172: 返回局部变量或临时变量的地址
```

因为本例中将局部自动对象作为引用返回值。return 后面返回的必定是在该函数执行结束之后仍然存在内存空间的对象或变量，因此引用对象参数可以返回，但值形参或函数中定义的局部自动对象均不可以，因为局部自动对象在该函数结束后其内存空间释放，无法再作为主调函数中的左值变量使用。

第 4 章　类与对象的知识进阶

1. 例 4-2 的思考题：

① 在例 4-2 中，Croster 类的 Display()函数调用了对象成员所属类的成员函数 Display()完成对对象成员的输出，能否直接用

```
cout << birthday.Date_Year << endl;
```

来输出年份呢？为什么？

② 若已经定义了一个对象：“CDate birth(2000,1,2);”，要用 birth 来定义一个 Croster 类对象 stuB：“Croster stuB("赵焱", birth);”应怎样设计构造函数？

【分析与解答】① 不可以。因为 Date_Year 是 CDate 类型的私有数据成员，具有隐藏

信息的功能，不对外公开，birthday 是 CDate 类的对象，对象不可以直接访问私有属性成员。

② 因为是用一个已存在的对象来创建新的 Croster 类对象，需要添加重载构造函数，代码如下。

```
Croster::Croster(string na, CDate &day):birthday(day)
{
    cout<<"Croster obj_constructor called.\n";
    name = na;
}
```

2. 例 4-3 的思考题：

① 请将 li04_03_roster.cpp 中的语句“int Croster :: Count = 100;”删除或注释掉，重新编译程序，观察结果并解释原因。

② 若例 4-3 中静态数据成员 Count 设计为 private 属性，重修编译程序，观察结果并解释原因。

【分析与解答】① 将初始化 Count 的语句删除或注释掉，重新编译，系统会提示 2 个链接错误。

```
li04_03_main.obj : error LNK2001: 无法解析的外部符号 "public: static int Croster::
Count"
li04_03_roster.obj : error LNK2019: 无法解析的外部符号 "public:static int Croster::
Count"
li04_03\\li04_03.exe : fatal error LNK1120: 1 个无法解析的外部命令
```

说明静态数据成员必须在类外进行初始化。

② 如果将静态数据成员作为私有成员来定义，重新编译程序，会出现多个错误提示，提示的是同一条错误信息。

```
error C2248:“Croster::Count”:无法访问 private 成员(在“Croster”类中声明)
```

这是因为“类名::静态数据成员”或“对象.静态数据成员”的前提条件是 Count 应当为公有属性成员。

3. 例 4-4 的思考题：

能否将程序 li04_04_main.cpp 中的语句“list[1].Display();”改为“Croster:: Print();”，编译链接并运行程序，观察结果并解释原因。

【分析与解答】将程序 li04_04_main.cpp 中的语句“list[1].Display();”改为“Croster:: Print();”，编译链接并运行程序，结果与原来完全相同。原因很简单，在对象存在的情况下，对 Sum 这个公有静态数据成员，用类名或对象名直接访问都是正确的。

4. 例 4-6 的思考题：

若构造函数采用如下形式。

```
Croster::Croster(string na, int m, double s ) :name(na), Math(m)
{Score=s;}
```

重新编译，观察显示的信息并解释。

【分析与解答】无法通过编译，显示错误信息。

```
error C2758:“Croster::Score”: 必须在构造函数基/成员初始值设定项列表中初始化。
```

因为 Score 是类中的常数据成员，只能通过初始化列表完成初始化。

5. 例 4-7 的思考题：

① 如果删除li04_07_roster.h中的“void Display()”函数声明和对应li04_07_roster.cpp中的函数实现，编译运行程序并观察结果。

② 恢复原来的程序，然后将本例中的“void Display()const;”函数声明和对应li04_07_roster.cpp中的函数实现删除，其余代码不变，重新编译，观察结果。

【分析与解答】① 删除普通成员函数Display()，程序仍可正确通过，只是运行结果的第4行变为：“This is void Display() const.”。这表明此时普通的对象也是调用了常成员函数。普通对象调用同名成员函数的顺序：如果函数没有重载，则调用该唯一的函数，无论它是否是常成员函数；如果函数有常成员函数和普通成员函数的重载，则优先调用普通成员函数。

② 删除常成员函数“void Display()const;”，重新编译，有一条错误信息。

```
error C2662: ' Display ' : cannot convert 'this' pointer from 'const class Croster'
to 'class Croster &',
```

因为常对象只能调用常成员函数，而不能调用普通成员函数，这是为了保证不改变对象的任何数据成员。

第5章 继承性

1. 例 5-3 的思考题：

如果将例5-3中的语句“Member mem;”从Derived类移至Base类中，运行结果会发生何种变化？

【分析与解答】创建obj时，系统将首先调用基类Base对象成员mem的构造函数，再调用Base的构造函数，最后调用Derived的构造函数。析构函数的执行次序与此相反。

修改后代码如下。

```
//think5_3.cpp
#include <iostream>
using namespace std;
class Member
{
public:
    Member()
    {
        cout << "constructing Member\n";
    }
    ~Member()
    {
        cout << "destructing Member\n";
    }
};
class Base
{
private:
    Member mem;
public:
```

```
    Base()
    {
        cout << "constructing Base\n";
    }
    ~Base()
    {
        cout << "destructing Base\n";
    }
};
class Derived: public Base
{
public:
    Derived()
    {
        cout << "constructing Derived\n";
    }
    ~Derived()
    {
        cout << "destructing Derived\n";
    }
};
int main()
{
    Derived obj;
    return 0;
}
```

程序运行结果如下。

```
constructing Member
constructing Base
constructing Derived
destructing Derived
destructing Base
destructing Member
```

2. 例 5-4 的思考题：

① 如果将例 5-4 中 Derived 类的构造函数改为如下形式，是否可行？

```
Derived(int i): d(i)
{
    Base(i);
    cout << "constructing Derived\n";
}
```

② 如果将 Base 类构造函数的声明改为如下形式，那么①中的改动是否可行？

```
Base( int i = 0 )
```

③ 在 Derived 中共有两个 x：一个是 Derived 继承自 Base 的 x，另一个是对象成员 d 中的 x，运行结果中的“x = 100”输出的是哪一个 x 的值？

④ 在 main()函数中能否使用 obj.d.show()输出 d 中 x 的值？

【分析与解答】① C++规定基类的构造函数必须由派生类的构造函数来调用。如果初始化表中没有调用，系统将调用无参或默认参数的构造函数。本例中，Base 类并没有提供这类构造函数，因此会发生语法错误，故不可行。

② 从语法上看这样处理可以解决①的问题。但直接把 Base(i)移入 Derived 的构造函数中，编译器会认为这里在重新定义一个形参 i，它将其视作重复定义 i，并给出一个语法错误。如果将这里的 Base(i)改为 Base(i+1)或者 Base(6)可以消除语法错误。但对于程序设计

者来说仍然达不到最初的目标。程序员的动机是给 Derived 类中继承自 Base 的成员 x 赋一个值。但实际上程序的执行效果是产生一个临时对象，并用 i+1 或者 6 赋值给临时对象的 x，并且这一行执行完后临时对象马上就被析构。Derived 类中的 x 仍是默认的值 0。

如果将 Base(i)改为“x = i”是否可行呢？仍然不可行，因为 x 是 Base 中的私有成员。如果 x 是一个公有或保护成员，那么这样处理从语法上来看是可行的，但不推荐这么做。

③ show()中的语句“cout << " x = " << x << endl;”输出的是变量 x，即继承自 Base 的 x。

④ 不可以，因为 d 是 Derived 中的私有成员，外界无法访问。

3. 例 5-9 的思考题：

如果将例 5-9 中 Derived 类构造函数的下述两条语句删除，并且 Base1、Base2 中只有一个类将 Base 声明为虚基类，那么程序的运行结果将如何变化？

```
cout << "a = " << a << endl;
cout << "Base::a = " << Base::a << endl;
```

【分析与解答】假设 Base2 将 Base 声明为虚基类，那么程序运行时，首先由 Derived 调用虚基类 Base 的构造函数，然后调用 Base1 基类 Base 的构造函数，再依次调用 Base1 和 Base2 的构造函数，最后调用 Derived 的构造函数。析构函数的调用次序与之相反。

假设 Base1 将 Base 声明为虚基类，那么程序运行时，首先由 Derived 调用虚基类 Base 的构造函数，然后调用 Base1 的构造函数，再调用 Base2 基类 Base 的构造函数，最后调用 Base2 和 Derived 的构造函数。析构函数的调用次序与之相反。

从上述讨论可以看出，两种情况下构造函数的执行次序并不一样，程序的运行结果也不相同。

（注：VS 2010 下这样修改后有编译错误，应是 VS 2010 的 bug）

① 若 Base2 将 Base 声明为虚基类，则运行结果如下。

```
Base a = 30
Base a = 20
Base1 from Base a = 20
Base1 b = 10
Base2 from Base a = 30
Base2 c = 20
Base1::a = 20
Base2::a = 30
b = 10
c = 20
Destructing Derived
Destructing Base2
Destructing Base1
Destructing Base
Destructing Base
```

② 若 Base1 将 Base 声明为虚基类，则运行结果如下。

```
Base a = 30
Base1 from Base a = 30
Base1 b = 10
Base a = 40
Base2 from Base a = 40
Base2 c = 20
Base1::a = 30
```

```
Base2::a = 40
b = 10
c = 20
Destructing Derived
Destructing Base2
Destructing Base
Destructing Base1
Destructing Base
```

第 6 章　多态性

1．例 6-2 的思考题：

① 将 li06_02.h 文件中的第 12 行改为“Complex operator + (Complex &a);”，将 li06_02.cpp 文件中的第 19 行改为“Complex Complex::operator + (Complex &a)”，将常引用形参改为引用形参，重新运行程序，结果有变化吗？为什么？

② 将 li06_02.h 文件中的第 12 行改为“Complex operator + (Complex a);”，将 li06_02.cpp 文件中的第 19 行改为“Complex Complex::operator + (Complex a)”，也就是将常引用形参改为值形参，重新运行程序，结果有变化吗？二者的工作原理有区别吗？

③ 将 li06_02_main.cpp 文件中的第 13 行改为“c3 = 5.32f + c3 ;”，重新编译程序，会有什么现象？请解释原因。

【分析与解答】① 将常引用形参改为引用形参，重新运行程序，结果没有变化，因为常引用和引用形参都是对应实参对象的别名，都不另外分配空间，常引用形参是从语法上保证了如果试图修改参数 a 将会报错，从而保护对应实参对象；而引用形参如果函数中试图修改参数 a 不会报错。现在本函数中没有修改参数 a，所以结果不变。但是对于本例仍然建议用常引用形参。

② 将常引用形参改为值形参，重新运行程序，结果没有变化。但是这两种不同的形参其工作原理完全不同。常引用形参是对应实参对象的别名，不另外分配空间，也就不调用构造函数，因此时间、空间效率都高；而值形参系统为之另外分配存储空间，在调用之初用实参对象初始化形参对象，需要调用复制构造函数，因此有一定的时间和空间开销，本函数中的加法运算符只是将最初的对象值传进来而不需要修改，所以用值形参不会影响运行结果。对于本例，用哪种形式的形参都可以，但是仍然建议用常引用形参。

③ 将 li06_02_main.cpp 文件中的第 13 行改为“c3 = 5.32f + c3 ;”，重新编译程序，会出现若干个 error 报错，其中一条为“error C2677: 二进制“+”: 没有找到接受“Complex”类型的全局运算符(或没有可接受的转换)”，原因是，程序中以成员函数形式重载“operator +”运算符函数，所以第一实参只能是本类的对象，不能是 5.32f，参数不匹配。所以类似这种用法，两个运算对象，只有一个是本类对象，又以成员函数形式重载，则另一个运算对象只能作为第二运算对象，调用的时候保证实参类型与形参类型一致。

2. 例 6-3 的思考题：

① 将 li06_03.h 文件中的第 14 行改为“friend Complex operator ++ (Complex a);”，将 li06_03.cpp 文件中的第 29 行改为“Complex operator ++ (Complex a)”，将引用形参改为值形参，重新运行程序，结果有变化吗？试分析原因。

② 恢复 li06_03.h 文件中的第 14 行和 li06_03.cpp 文件中的第 29 行原来的代码，仍然用引用形参，将 li06_03.cpp 文件中的第 31 行和第 32 行代码改为“a.real++;　a.imag++;”，将这两句中的前置++改为后缀++，重新运行程序，结果有变化吗？试分析原因。

【分析与解答】① 将引用形参改为值形参，重新运行程序，结果有变化，程序运行结果的前 4 行代码不变，最后 2 行代码如下。

```
after added 1 c2 is:   5 + 10 i
after c4=++c2; c4 is:   6 + 11 i
```

也就是第 5 行结果由“6 + 11 i”变成了“5 + 10 i”，因为值形参的改变不能影响对应实参对象，所以 c2 的值不会发生改变，但是改变后的值形参放在 return 后返回了，这样系统生成一个无名的临时对象，调用复制构造函数，用改变后的值形参 a 的值 6 + 11 i 初始化该临时对象，然后该对象的值赋值给了对象 c4，所以 c4 的值为 6 + 11 i。

② 将 li06_03.cpp 文件中的第 31 和第 32 行的代码的前置“++”改为后缀“++”，对结果没有影响。因为如果只是对 a 对象的数据成员本身自增，而不将这个表达式的结果再用于其他运算，那么前置“++”和后缀“++”没有区别，总体效果都是 a 对象的两个数据成员的值都增加了 1。尽管如此，还是建议用原来的前置“++”，以便与运算符重载保持一致的顺序。

3. 例 6-4 的思考题：

① 比较 li06_04.h 文件中新增的赋值运算符函数的代码和 3.6 节中复制构造函数的代码，二者有什么相同和不同之处？试分析解释。

② 例 6-4 主函数中如果有语句“CMessage Mes3 (Mes1) ;”，则文件 li06_04.h 需要做怎样的改变？

【分析与解答】① li06_04.h 文件中新增的赋值运算符函数的代码与 3.6 节中复制构造函数的代码相比，相同之处为：根据常引用形参的 pmessage 指针所指向的字符串的长度+1，通过当前对象的 pmessage 指针申请这个容量的动态空间，然后将常引用形参的 pmessage 指针所指向的字符串复制到当前对象的 pmessage 所指向的动态空间中。不同之处有两处：赋值运算符函数的一开始，在申请新的动态空间之前需要先释放当前对象 pmessage 指针所指向的动态空间；而复制构造函数没有这一步。这是因为赋值运算符的第一运算对象是一个已经存在的对象，必然已经申请过动态空间，所以在申请新的动态空间之前需要释放原来的空间，而复制构造函数是定义新对象的时候自动调用的，显然还不存在已有动态空间，所以当然没有释放原空间再申请新空间的说法。第二处不同是，赋值运算符函数的最后有“return *this; ”语句，因为该函数需要返回当前类的引用，返回被改变后的当前对象；而构造函数没有返回值，所以无需返回任何结果。

② 本题主函数中如果有语句“CMessage Mes3 (Mes1) ;”，那么对象 Mes3 是通过已有对象 Mes1 作初始化的，根据第 3 章的知识，此时文件 li06_04.h 需要增加主教材 3.6 节

中的复制构造函数的完整定义，否则程序运行时同样会因为浅复制问题而出现指针悬挂的现象，导致意外终止的错误。

4. 例 6-7 的思考题：

① 后缀“++”和后缀“--”的实现代码中首先定义了一个临时对象保存未改变的原对象，最后返回这个临时对象，为什么要这么做？

② 文件 li06_07.cpp 文件中的第 10 行、第 11 行、第 17 行、第 18 行的“--”以及第 23 行、第 24 行、第 30 行、第 31 行的“++”运算符的位置放前面或后面，对程序的结果有没有影响？为什么？

【分析与解答】① 后缀“++”和后缀“--”中首先需要定义一个临时对象保存未改变的原对象，最后也是返回这个临时对象，这样做是为了保证后缀“++”和后缀“--”作用于本类对象与作用于标准类型变量的意义是一致的：先用未改变的值参与运算，最后再改变自身的值。如果不通过临时对象这样处理，就无法返回未改变的对象值了。运算符重载的原则，就是不改变运算符本身的功能和意义，所以此处需要这样处理。

② 对于对象的数据成员 real 和 imag 的改变，“--”和“++”的位置放前或放后对结果没有影响，因为如果只是改变变量本身，不参与其他运算，前后的效果是一样的。

5. 例 6-9 的思考题：

① 将文件 li06_09_main.cpp 代码中的第 5 行、第 6 行分别改为“B bb (5000) ;”和“A* a = &bb ;”，重新运行程序，结果是什么？解释这一结果。

② 在上一步修改的基础上，再将文件 li06_09.h 中第 7 行的“virtual”关键字删除，重新运行程序，结果是什么？解释这一现象。

【分析与解答】① 修改代码后的运行结果与原来的结果一样，还是依次调用 B 类和 A 类的析构函数。因为修改后，定义 B 类对象 bb，所以最后该对象析构肯定调用 B 类析构函数，继而调用 A 类析构函数。

② 若将“virtual”关键字删除，运行结果不变，还是依次调用 B 类和 A 类的析构函数。这里 A 类指针只是获得了 B 类对象的地址，不涉及动态和静态多态性问题。

对照思考题修改后的代码和教材原来的代码，请读者再次理解一下析构函数什么时候必须声明为虚析构函数。基类指针用 new 方式申请公有派生类的对象空间，而不是简单地将派生类对象地址赋值给基类指针。不过，无论何种情况，声明为虚析构函数总是没问题的。

6. 例 6-10 的思考题：

将文件 li06_10.h 代码中第 15 行“void f3()”改为“virtual void f3()”，重新编译链接、运行程序，观察结果并对不同之处作解释。

【分析与解答】将文件 li06_10.h 代码中第 15 行改为“virtual void f3()”之后，由于派生类中 f3 的函数原型与基类 f3 完全一致，此时 f3 函数就成为虚函数。于是运行结果的第 8 行输出，由原来的“f3 function of base”改为“f3 function of derive”，因为此时基类指针 p 指向了派生类对象 ob2，所以根据动态多态性的特点，通过 p 调用的虚函数 f3 就是派生类中的版本了。

第7章　模板

1．7.2.1 节的思考题：

请读者上机验证下列程序能否通过编译，能否得到运行结果，并分析原因。

```
#include<iostream>
using namespace std;
template <class T>
T Max( T x, T y )
{
    皇家邮电学院;
}
int main()
{
    cout << "Example" << endl;
    return 0;
}
```

【分析与解答】该程序可以通过编译并输出结果。该程序的函数模板 Max 看起来有问题，但程序中并没有实例化该模板，不存在模板函数，所以编译器也不会对其进行任何语法检查，所以该程序可以正常编译链接、运行。

2．例 7-2 的思考题：

请读者上机验证：例 7-2 如果删除重载函数“char* Max(char* x, char* y)”，只保留函数模板，编译能通过吗？如果编译通过，得到的运行结果是什么？

【分析与解答】该程序修改后能通过编译，其运行结果如下。

```
8
star
```

需要注意的是，删除“char* Max(char* x, char* y)”后，字符串比较的结果不一定总能保证正确性。

3．例 7-3 的思考题：

请读者以类外实现的方式改写例 7-3 中的成员函数 print()。

【分析与解答】程序代码如下。

```
template<class T1, class T2>
void Example<T1,T2>::print()
{
    cout << "x=" << x <<", y=" << y << endl;
}
```

第8章　C++文件及输入/输出控制

1．例 8-1 的思考题：

① 将源程序的第 14 行改为“cin.getline (buffer2 , SIZE) ;”，重新编译链接、运行程序，输入时有什么不同？请说明原因。

② 继续将源程序的第 20 行改为“getline (cin ,str1) ;”，重新编译链接、运行程序，输入时有什么不同？请说明原因。

【分析与解答】① 第 14 行将 get 函数改为“getline”之后，重新运行，则总共需要输入 3 个字符串，第一个字符串输入结束后，回车符被 buffer2 读入，所以接下来要输入 buffer3 字符串。因此连续输入多个带空格的字符串时，用 getline 成员函数更合适。

② 继续修改源程序的第 20 行之后，重新运行，则总共需要输入 4 行，第 1 行是 buffer1 和 buffer2 需要的输入，后面 3 行分别是 buffer3、str1 和 str2 的字符串值。

2. 例 8-5 的思考题：

① 将源程序的第 8 行、第 9 行、第 11 行、第 16 行中的返回值类型改为值返回，即各去掉第一个引用标记符号&，然后重新编译链接程序，观察现象。

② 修改源程序的第 18 行、第 19 行代码，使得日期的输出形如“2019/08/20”，即年份占 4 列，月和日都占 2 列，不足补 0，中间用斜线相隔。请写出修改后的代码，并重新运行、验证程序。

【分析与解答】① 如果将重载的两个函数的返回值类型改为值返回，则编译的时候会产生一个报错，程序无法通过。

② 为满足新的格式要求，将源程序的第 18 行、第 19 行修改如下。

```
out << setw(4) << setfill('0') <<dt.Date_Year << "/" << setw(2)
     <<setfill('0')<<dt.Date_Month  << "/" << setw(2) << setfill('0')
     <<dt.Date_Day << endl;
```

注意，这里用到了操纵符，因此需要在程序的最开始补充文件包含指令“#include <iomanip>”。

3. 例 8-6 的思考题：

删除源程序的第 27 行、第 28 行、第 35 行、第 36 行重新编译链接、运行程序，结果有变化吗？为什么？

【分析与解答】删除源程序的第 27 行、第 28 行、第 35 行、第 36 行，重新运行程序，输出结果也不会有变化。因为这是文本文件，10 和 71.2718 以 ASCII 码形式存放，自然可以作为字符串内容的一部分，所以直接读内容存入字符串，就将“10 71.2718”作为字符串的最开头部分读入了，然后屏幕输出该字符串，当然结果不会改变。

4. 例 8-7 的思考题：

修改源程序的相关内容，将文件“abc.txt”中的非字母字符复制到文件“xyz.txt”中保存，而所有的字母以大写字母形式显示在显示器上。

【分析与解答】题目要求变了，文件操作的主体没变，还是从一个文件中读出数据，然后保存数据到另一个文件中，所以只有 while 循环需要修改，写入文件需要加条件判断，必须不是字母；再判断是否为小写字母，若是，则需要改为大写字母才能显示。修改后代码如下。

```
while( ifile .get(ch) )
{
 if ( !( ch >= 'A' && ch <= 'Z' || ch>='a' && ch<='z' ))
     ofile.put(ch) ;
 else
```

```
    {
        if ( ch >= 'a' && ch <= 'z')
            ch = ch - 32 ;
        cout << ch ;
    }
}
```

5. 例 8-8 的思考题：

① 将代码的第 38 行改为“int num;”，同时将第 40 行改为“in.read((char *) &num , sizeof(int));”，重新运行程序，观察结果并解释现象。

② 将第 38 行、第 40 行代码还原，再将第 41 行的代码改为“in.read(s , 6) ;”，也就是说，将第 2 个实参改为 6，重新运行程序，观察结果并解释现象。

③ 在②题基础上，将第 41 行代码还原，再将第 39 行代码改为“char s[100];”，也就是说，去掉初始化为空串，重新运行程序，观察结果并解释现象。

【分析与解答】① 修改第 38 行、第 40 行代码后的运行结果为“652835029 1h7 繲 his is a test of read and write”，与原来的结果不一样，因为文件的前 8 个字节原来写入的是一个 double 型数据，当读出 int 型的值时，只是用了其中 4 个字节的内容，将这 4 个字节的 01 序列按整型数据的规则解释就得到了 652835029 这个整数，还有 4 个字节与后面字符串一起，前 3 个字节里的 01 序列作为字符的 ASCII 码理解为“1h7”这 3 个字符，最后 1 个字节与原来字符“T”合在一起解释为汉字“繲”，所以得到这样的运行结果。可见，二进制文件读出时要了解原来文件中数据的结构，按正确格式读出才能正确还原。

② 将第 38 行、第 40 行代码还原，再将第 41 行的代码改为“in.read(s , 6) ;”，也就是第 2 个实参改为“6”，重新运行程序，输出结果为“-23.407 This i”。这是因为 read 函数中实参为 6，就读出 6 个字节的内容，正是“This i”这 6 个字符，文件中还有信息没有被读取。

③ 将第 41 行代码还原，再将第 39 行代码改为“char s[100];”之后运行程序，输出结果为“-23.407 This is a test of read and write *烫烫烫烫烫烫烫烫烫*……”（这里的省略号代表很多“烫”字）。这是因为源程序的第 27 行语句为“out.write (s , strlen(s)) ;”，在将字符串写入文件的时候，写入的是 strlen(s)字节，串结尾标志“\0”字符未被写入，原来第 39 行未修改时对 s 初始化为空串，s 数组所有元素都是“\0”，因此从文件中读出 strlen(s)长度的串覆盖了 s 数组的前 strlen(s)个元素，其后的数组元素值还是“\0”，所以串有结尾标志，正常输出。而现在在读取时字符数组 s 未做初始化，所以没有串结尾标志，输出时最后会显示为“烫……”。

6. 例 8-9 的思考题：

① 将 li08_09_main.cpp 文件中的第 17 行～第 20 行代码修改如下。

```
while ( !in.eof() )
{
    in.read( (char * )&stu[i] , sizeof(Student) ) ;
    cout << stu[i++];
}
```

再重新运行程序观察输出结果，并分析。

② 在 li08_09.h 文件中定义 Student 类的类体内增加一条重载提取运算符的友元函数声

明；在 li08_09.cpp 中增加对应的实现代码，实现输入一条学生记录；在 li08_09_main.cpp 的 CreateBiFile 函数中，将记录数组的初始化改为从键盘读入 3 条记录，重新编译链接、运行程序。

【分析与解答】① 重新运行后输出结果如下。

```
B19041028    陈秋驰  男   94
B19011012    宋文姝  女   98
B19020908    米琪琳  女   87
                          0      //这条是 stu[3]的记录值，不是文件有效记录
```

原因分析：用 in.eof()来判断，循环体执行的次数比实际记录条数多 1 次，因此，代码修改过后，采用每读取 1 条记录即输出的方式，必定也会输出 stu[3]这条空记录的值。而事实上，有效的记录为 stu[0]、stu[1]、stu[2]这 3 条。

② 3 个文件分别作如下修改。

li08_09.h：在 class Student 类的定义中，最后右大括号之前，增加如下 1 条重载输入流的友元函数声明语句。

```
friend istream & operator >> ( istream &in , Student &s ) ;
```

li08_09.cpp：该文件中增加重载输入流的友元函数的定义如下。

```
istream & operator>>(istream &in, Student &s)  //新增重载">>"运算符
{
    in >> s.num >> s.name >> s.sex >> s.score ;
    return in;
}
```

li08_09_main.cpp：该文件的 CreateBiFile 函数代码有变化，加粗字体为修改的部分。

```
void CreateBiFile(char *filename)
{
    ofstream out(filename);
    Student stu[3];    //不做初始化
    cout<<"请输入 3 个学生的学号，姓名，性别，年龄\n";    //改为输入记录
    for (int i=0 ; i<3 ; i++ )
        cin >> stu[i];    //调用重载的输入流函数输入记录
    out.write((char *)stu,sizeof(Student)*3);
    out.close();
}
```

第二部分 教材习题参考答案与解析

第 1 章　面向对象程序设计及 C++语言概述

一、单选题

1. 下列各种高级语言中，不是面向对象的程序设计语言的是________。

A. C++　　B. Java　　C. C　　D. Python

【参考答案】C

【解析】C++、Java、Python 都是面向对象的程序设计语言，而 C 语言是一种面向过程的程序设计语言。

2. 下列关于类与对象关系的描述中，错误的是________。

A. 类是具有相同属性和行为的一类对象的抽象

B. 对象是类的具体实体

C. 类与对象在内存中均占有内存单元

D. 对象根据类来创建

【参考答案】C

【解析】类与对象是一组抽象与具体的关系，类实际上是类型，对象实际上是属于类类型的变量，只有变量才会占有内存空间，类型不占内存空间。

3. 下列哪一个不是面向对象方法的特征________。

A. 开放性　　B. 封装性　　C. 继承性　　D. 多态性

【参考答案】A

【解析】封装性、继承性和多态性是面向对象方法的三大特征。

4. 下列关于对象的描述中，错误的是________。

A. 对象是类类型的变量

B. 对象是类的实例

C. 对象就是 C 语言中的结构体变量

D. 对象是属性和行为的封装体

【参考答案】C

【解析】现实世界由一个个对象构成，因此对象是现实世界中客观存在的实体；根据对象与类之间的关系，对象是类的实例，是属性和行为实际的封装体。对象所属的类类型是一种新类型，与结构体类型有区别，因此对象不是结构体变量。

二、问答题

1. 简述C++语言与C语言的关系。

【参考答案】C++语言在传统C语言的基础上进行改造和扩充，引入了面向对象的概念和方法，增加了对面向对象程序设计的支持。C++语言是同时支持面向过程程序设计和面向对象程序设计的混合型语言。

在支持面向过程的程序设计方面，C++语言首先继承了C语言，与C语言兼容，C语言是C++语言的一个子集。C语言的词法、语法和其他规则几乎都可以用到C++语言中。但同时，C++语言又针对C语言的某些不足做了改进。例如，用流更方便地实现输入/输出操作；用const定义常量取代宏；允许函数重载、函数带有默认形参值；增加了引用；提供了更方便的动态内存空间管理方法；提供了异常的检查、处理机制，提高了程序的健壮性等。

C++语言又具有C语言无法比拟的优越性，因为它同时支持面向对象的程序设计，支持封装性、继承性和多态性，使得程序更安全、代码可重用性更高、可维护性更强，因而成为目前应用最为广泛的高级程序设计语言。

2. 简述面向对象方法所具有的三大特征。

【参考答案】面向对象的程序设计方法所具有的三大特征是封装性、继承性和多态性。

封装性是面向对象程序设计的第一大特征。封装指将数据和处理这些数据的过程结合成一个有机的整体——类，通过定义类实现封装，而封装的实际单位是属于类的对象。封装机制使对象将非public成员以及接口函数实现的内部细节隐藏起来，并能管理自己的内部状态。外部只能从对象所表示的具体概念、对象提供的服务和对象提供的外部接口来认识对象，通过向对象发送消息来激活对象的自身动作，实现一定的功能。封装性使得面向对象程序设计具有较高的安全性和可靠性。

继承性是面向对象程序设计的第二大特征，是面向对象的程序设计提高代码重用性的重要措施。继承表现了特殊类与一般类之间的上下分层关系，这种机制为程序员提供了一种组织、构造和重用类的手段。继承使一个类（称为基类或父类）的数据成员和成员函数能被另一个类（称为派生类或子类）重用。在派生类中只需增加一些基类中没有的数据成员和成员函数，或是对基类的某些成员进行改造，这样可以避免公共代码的重复开发，减少代码和数据冗余。

多态性是面向对象程序设计的第三大重要特征。面向对象程序设计的多态性指一种行为对应着多种不同的实现。多态性有静态多态性（也称为编译时的多态性）和动态多态性（也称运行时的多态性）两种。静态多态性通过函数重载和运算符重载来实现，动态多态性需要继承、虚函数、基类的指针或引用来实现。多态性使得同一个接口可以实现不同操作，大大方便了使用者。

3. 如何理解面向对象的程序设计体现为类的设计和类的使用这两大过程？

【参考答案】面向对象的程序设计，是通过定义类的对象，再向对象发送消息使其产生相应的响应来实现程序的功能，这体现的是对类的使用。但由于对象属于类，对象可以有哪些数据成员来表达其静态特性，可以执行哪些成员函数以实现其动态特性，实际上都取决于类的设计，因此在面向对象的程序设计中，最富挑战性和创造性的工作首先是类的设计。类的设计还体现在通过继承与派生机制定义新的类，进而可以定义新类的对象完成程序的功能。因此，面向对象的程序设计体现为类的设计和类的使用这两大过程。

第2章　C++对C的改进及扩展

一、单选题

1. 在 Microsoft Visual Studio 2010 环境下，下列语句中错误的是________。

   A. int n=5;　　　int y[n];

   B. const int n=5;　　　int y[n];

   C. int　n=5;　　　int *py=new int[n];

   D. const int n=5;　　　int *py=new int[n];

【参考答案】A

【解析】在 Microsoft Visual Studio 2010 环境下，定义一维数组时，一定要用常量指明数组变量所含元素个数，选项 A 中的 n 是一个已赋值的变量而不是常量，故不能用来表示 y 数组所含元素个数。选项 B 中的 n 是一个用 const 定义的整型常量，故正确。在利用指针申请动态一维数组空间时，元素个数既可以是常量也可以是变量，因此选项 C 和 D 都是正确的。

2. 以下设置默认值的函数原型声明中，错误的是________。

   A. int add(int X=3,int y=4,int z=5);

   B. int add(int x,int y=4,int z);

   C. int add(int x,int y=4,int z=5);

   D. int add(int x,int y,int z=5);

【参考答案】B

【解析】函数的形参提供默认值必须按从右到左的要求，显然选项 B 中的原型声明是错误的。选项 A 中所有的形参都有默认值，正确；选项 C 中右边两个形参都有默认值，也是正确的，选项 D 中只有最右边一个形参有默认值，左边两个形参都没有默认值，符合从右到左依次提供默认值的要求，也是正确的。

3. 下列错误的重载函数是________。

   A. int print(int x); 和　void print(float x);

   B. int disp(int x); 和　char *disp(int y);

   C. int show(int x, char *s);和　int show (char *s, int x);

D. int view(int x, int y);　和 int view(int x);

【参考答案】B

【解析】根据函数重载的要求，同名函数在形参的个数、类型、顺序的一个或多个方面有区别才是正确的重载，函数返回值类型不作为重载的条件。此题中，选项 A 在形参的类型上不同；选项 C 在形参的顺序上不同；选项 D 在形参的个数上不同，它们都符合函数重载的条件。选项 B 仅在返回值类型上不同，因此不是正确的重载。

4. 下列语句中错误的是________。

A. int *p=new int(10);　　　B. int *p=new int[10];

C. int *p=new int;　　　D. int *p=new int[40](0);

【参考答案】D

【解析】根据 new 的用法，用 new 可以申请一个单位的动态空间，也可以申请一组连续的动态空间实现动态一维数组。选项 A 表示在申请一个动态空间的同时向这一空间中赋予值 10，此句相当于"int *p=new int;*p=10;"；选项 B 表示申请连续 10 个 int 型动态空间构成含有 10 个元素的动态一维数组；选项 C 表示申请了一个 int 型动态空间，但未向该动态空间中写入确定内容。选项 D 的错误在于试图在申请动态一维数组的同时为每一个元素赋以相同的初值，这种用法 C++不支持，因此是错误的。

5. 假设已有定义"int x=1,y=2,&r=x;"，则语句"r=y;"执行后，x、y 和 r 的值依次为________。

A. 1 2 1　　B. 1 2 2　　C. 2 2 2　　D. 2 1 2

【参考答案】C

【解析】引用是变量的别名，这种关系在定义引用的时候就已经确定，此后程序中不可以更改这种别名关系。根据题干，引用 r 就是变量 x 的别名，与 x 共享内存空间，二者的值始终一致。执行语句"r=y;"等同于执行语句"x=y;"所以最终这 3 个变量的值都等于 y 原来的值，即都是 2，故答案为 C。其他选项均为干扰项，都是错误的。

二、填空题

1. 用 C++风格的输入/输出流进行输入/输出处理时，必须包含的 std 名字空间的头文件是________。

【参考答案】iostream

【解析】使用 C++的流控制方法进行输入/输出操作时，需要重点掌握以下要点：C++源程序中需要用"#include <iostream>"及"using namespace std;"或者"#include <iostream.h>"进行文件包含，才能正确使用 cin 和 cout 进行输入/输出控制。

2. 在 C++语言的异常处理机制中，________语句块用于抛出异常；________语句块用于检测异常；________语句块用于捕捉和处理异常。

【参考答案】throw、try、catch

3. C++语言特有的引用实际是某变量的________，系统不为其另外分配空间。引用与_____作为形参时都能达到修改对应实参变量的目的，但是引用更加直观清晰。返回某类型引用的函数，调用该函数可以放在赋值号的_____作为_____使用，这是其他类型的函数不具有的特性。

【参考答案】别名、指针、左边、左值

4. 在动态内存空间管理方面，C++语言用运算符__________取代了C语言中的malloc申请动态内存空间，用运算符__________取代了C语言中的free释放动态内存空间。

【参考答案】new、delete

5. 函数重载要求这几个函数的________必须相同，而在形参表中体现出差别，具体而言，在形参的个数、________、顺序的一个或几个方面体现出区别，而________不作为区分重载函数的依据。

【参考答案】函数名、类型、函数返回值类型

三、问答题

1. C++中的同名全局变量通过何种方式可以在同名局部变量所在的函数内进行访问？

【参考答案】C++语言中，在同名局部变量所在的函数内，通过在同名变量前加上域解析符“::”对被隐藏的同名全局变量进行访问。

2. 在程序中，如果只用new分配动态内存空间，而忘记用delete来释放，会产生什么样的后果？使用new和delete动态申请和释放内存空间，有什么好处？

【参考答案】C++语言中，在用new或new[]申请了动态内存空间后，一旦这部分动态内存空间使用结束，一定要及时使用delete或delete[]释放空间。如果忘记用delete释放，则会产生内存垃圾，还有可能导致死机。

使用new和delete动态申请和释放内存空间，其好处首先表现在使用形式比malloc、calloc、free更简洁。更重要的是，使用new和delete可以支持C++语言中的一些重要技术，例如，面向对象程序设计中的构造与析构等。

3. 引用形参能方便地修改实参变量，是不是意味着指针形参从此不需要了？而const引用形参既能保护对应实参变量不被修改，又提高了效率，是不是意味着值形参从此不需要了？

【参考答案】引用形参和指针形参都可以改变对应实参变量的值，引用的表达形式更简洁，因此如果是改变对应的实参变量值，在C++中首选引用形参。但是，指针形参同样不可替代，如果对应实参是数组名，则一定要指针形参来接受首地址，以达到共享数组空间的目的，这时无法用引用形参；另外在涉及动态空间管理时也只能用指针实现。

const引用形参是能保护对应实参变量不被修改，且因为不需要分配另外的存储空间，也就不存在复制值的时间开销，效率高，但是需要注意，与之对应的实参只能是变量。在很多情况下，实参还可能是常量、表达式，这时就必须用值形参来接受这一类实参的值了，因此值形参也是不可替代的。

总之，在实际编程中，究竟选用值形参、指针形参、引用形参，还是const引用形参，应根据编程的需要灵活选择，它们在编程中各有用武之地。

四、读程序写结果

1. 当从键盘上输入“*23.56　10　90<回车>*”时，写出下面程序的运行结果。

```
//answer2_4_1.cpp
#include <iostream>
using namespace std ;
int main()
{   int a , b , c ;
    char ch ;
    cin >> a >> ch >> b >> c ;
    cout << a << endl << ch << endl << b << endl << c ;
    return 0 ;
}
```

【参考答案】

```
23
.
56
10
```

【解析】根据 C++输入流读入数据的方法，当读入“23.56”时，因为第 1 个接受变量 a 定义为 int 型，因此当遇到“.”时自动认为第 1 个整数“23”输入结束，接下来的“.”就读入到字符型变量 ch 中，接下来的“56”读入到变量 b 中，而“10”读入到变量 c 中，“90”是多余的输入，被忽略。

2. 写出下面程序的运行结果。

```
//answer2_4_2.cpp
#include <iostream>
using namespace std ;
int main()
{
    int arr[4] = {1 , 2 , 3 , 4} , i ;
    int *a = arr ;
    int *&p = a;     //p是一个指针引用，是指针 a 的别名
    p++ ;
    *p = 100;
    cout << *a << "\t "<< *p << endl;
    for ( i = 0 ; i < 4 ; i++ )
       cout << arr[i] << "\t" ;
    cout<<endl;
    int b = 10;
    p = &b;
    cout << *a << "\t" << *p << endl ;
    for ( i=0 ; i<4 ; i++)
       cout<<arr[i]<<"\t";
    cout<<endl;
    return 0;
}
```

【参考答案】

```
100     100
1       100     3       4
10      10
1       100     3       4
```

【解析】此题考查利用指针间接访问一维数组元素、普通变量的值，以及引用是其所代表的变量别名的含义。此题中，a 一开始是一个指向数组空间的指针，p 是一个引用，是指

针 a 的别名，因此，p++实际上就是 a++，对*p 的赋值就是对*a，也就是 arr[1]元素的赋值，因此，*p、*a 和 arr[1]的输出值相等。p=&b 实际上就是 a=&b，因此，*p 和*a 的输出值都是 b 的值。

3. 写出下面程序的运行结果。

```
//answer2_4_3.cpp
#include <iostream>
using namespace std;
int i=0;
int main()
{
    int i=5;
    {
        int i = 7 ;
        cout << "::i=" << ::i << endl ;
        cout << "i=" << i << endl ;
        ::i = 1;
        cout << "::i=" << ::i << endl ;
    }
    cout << "i=" << i << endl ;
    cout << "::i=" << ::i << endl;
    i += ::i;
    ::i = 100;
    cout << "i=" << i << endl ;
    cout <<"::i=" << ::i << endl ;
    return 0 ;
}
```

【参考答案】

```
::i=0
i=7
::i=1
i=5
::i=1
i=6
::i=100
```

【解析】此题考查同名变量的作用域问题。题中前 3 个 i 变量分别是全局变量 i、main()函数开始处定义的局部变量 i 和 main()函数的复合语句开始位置定义的局部变量 i，最后一个变量 i 只在复合语句内有效，在 main()函数的其余位置直接用 i 操作的是第 2 个 i，而在 main()函数中对全局变量 i 的操作形式都是::i。搞清楚了每一处的 i 是哪一个 i，该题的运行结果就非常清楚了。

4. 写出下面程序的运行结果。

```
//answer2_4_4.cpp
#include<iostream>
using namespace std ;
void f( double x = 50.6 , int y = 10 , char z = 'A' ) ;
int main()
{
    double a = 216.34 ;
    int b = 2;
    char c ='E';
    f();
    f(a);
    f(a,b);
    f(a,b,c);
```

```
    return 0;
}
void f(double x, int y, char  z)
{
    cout<<"x="<<x<<'\t'<<"y="<<y<<'\t'<<"z="<<z<<endl;
}
```

【参考答案】

```
x=50.6  y=10    z=A
x=216.34        y=10    z=A
x=216.34        y=2     z=A
x=216.34        y=2     z=E
```

【解析】此题考查对带有默认参数值的函数的调用方式。函数 f 的 3 个形参均有默认参数值，因此对 f 的调用可以有 4 种形式，即不提供实参、只提供第 1 个实参、提供前 2 个形参和 3 个实参都提供。因此第 1 行的输出结果表明在未提供实参时，3 个形参均使用默认参数值；下面 3 行的结果表明实参与形参是按从左到右依次对应，如果未获得对应的实参，则形参使用默认参数值。

5．写出下面程序的运行结果。

```
//answer2_4_5.cpp
#include <iostream>
using namespace std;
int & s(const int &a,int &b)
{
    b += a ;
    return b;
}
int main()
{
    int x = 500 , y = 1000 , z = 0 ;
    cout << x << '\t' << y << '\t' << z << '\n';
    s ( x , y ) ;
    cout << x << '\t' << y << '\t' << z << '\n';
    z= s ( x , y ) ;
    cout << x << '\t' << y << '\t' << z << '\n';
    s ( x , y ) = 200 ;
    cout << x << '\t' << y << '\t' << z << '\n';
    return 0;
}
```

【参考答案】

```
500     1000    0
500     1500    0
500     2000    2000
500     200     2000
```

【解析】此题考查引用作为形参和返回值的用法。函数 s 的返回值类型为引用，因此其调用形式有三种，即直接作为一个函数调用语句、将调用结果作为右值、将调用结果作为左值（这是引用返回特有的用法）。另外，s 函数的第 1 个形参是常引用，不可被改变；第 2 个形参是引用参数，在函数中被改变了，由于引用参数是实参在函数中的别名，故与第 2 个形参对应的实参变量将随着每一次调用得到改变。从输出结果上可以看出，第 1 个实参 x 在几次调用结束后都保持原值 500，第 2 个实参 y 在每次调用后都增加 500，但最后一次调用是将函数返回值作为左值赋值为 200，因此 y 值为 200，z 的结果容易理解。

6. 写出下面程序的运行结果。

```
//answer2_4_6.cpp
#include <iostream>
using namespace std;
void fun ( int x , int &y )
{
    x += y ;
    y += x ;
}
int main()
{   int x = 5 , y = 10 ;
    fun( x , y ) ;
    fun( y , x ) ;
    cout << "x=" << x << ",y=" << y <<endl;
    return 0;
}
```

【参考答案】

```
x=35,y=25
```

【解析】此题考查值形参与引用形参的区别。fun 函数的第一参数 x 为值形参，因此，调用过程中与之对应的实参不会被改变；fun 函数的第二参数 y 为引用形参，因此，调用过程中与之对应的实参可以被改变。本题中 fun 函数体中的两条语句就是用来改变形参的值的，因此需要搞清楚调用的每一步什么被改变了、什么没有改变。第一次调用语句为“fun(x,y);”，因此调用结束时 x 保持原值，而 y 被改为 25；第二次调用语句为“fun(y,x);”，因此调用结束时，y 保持原值 25，而 x 变成了 35。

五、编程题

1. 将下面 C 语言风格的程序改写成 C++语言风格的程序。

```
//answer2_5_1.c
#include <stdio.h>
add(int a,int b);
int main()
{
    int x , y , sum ;
    printf( "Please input x and y:\n" ) ;
    scanf( "%d%d" , &x , &y ) ;                /*输入变量 x 和 y 的值*/
    sum = add ( x , y ) ;                      /*调用求和函数，结果存于 sum 中*/
    printf( "%d+%d=%d\n" , x , y , sum ) ;     /*显示计算结果*/
    return 0 ;
}
add( int a , int b )    /*求和函数*/
{
    return a+b ;
}
```

【参考答案】

```
//answer2_5_1.cpp
#include <iostream>
using namespace std ;
int add( int a , int b ) ;
int main()
{
    int x , y , sum ;
```

```
    cout << "Please input x and y:\n" ; //用输出流输出提示信息
    cin >> x >> y ;                     //用输入流输入变量x和y的值
    sum = add( x , y ) ;                //调用求和函数，结果存于sum中
    cout << x << "+" << y << "=" << sum << endl ;   //输出
    return 0 ;
}
int add ( int a , int b )              //求和函数
{
    return a+b ;
}
```

2. 编写程序：实现输入一个圆半径的值，输出其面积和周长。

【参考答案】

```
// answer2_5_2.cpp
#include <iostream>
using namespace std ;
const double PI = 3.1415926 ;
int main()
{
    double radius , circumference , area ;
    cout << "Please input radius" << endl ;
    cin >> radius ;
    circumference = 2 * PI * radius ;
    area = PI * radius * radius ;
    cout << "circumference=" << circumference << endl ;
    cout << "area=" << area << endl ;
    return 0 ;
}
```

3. 用new运算符为一个包含20个整数的数组分配内存，输入若干个值到数组中，分别统计其中正数和负数的个数，输出结果，再用delete运算符释放动态内存空间。

【参考答案】

```
// answer2_5_3.cpp
#include <iostream>
using namespace std ;
int main()
{
    int num , positive=0 , negative = 0 , i ;
    int *p = new int[20] ;
    cout << "Please intput the number you want use of array:\n" ;
    cin >> num ;
    if ( num > 20 )
    {
       cout << "number too large,exit." ;
       return  0 ;
    }
    for (int i = 0 ; i < num ; i++ )
       cin >> p[i] ;
    for ( i = 0 ; i < num ; i++ )
       if ( p[i] > 0 ) positive++ ;
       else if ( p[i] < 0 ) negative++ ;
    cout << "There are "<<num<<" figures,\n" ;
    cout << positive << " of them are positive numbers,\n" ;
    cout << negative << " of them are negatives.\n" ;
    delete []p ;
    return 0 ;
}
```

4. 编写程序：从键盘上输入一个学生的姓名（建议用字符数组）、年龄（合理的年龄范围：16～25），五级制 C++语言考试分数（合理范围：0～5），调用函数 float checkAgeScore(int age,float score)，该函数主要完成两件事：通过检查两个形参的范围是否合理，抛出相应的异常信息；如果无异常，则返回对应的百分制成绩。在主函数中定义 try-catch 块检测、捕获并处理异常。最后输出的是该同学的姓名、年龄、百分制成绩。

【参考答案】

```
// answer2_5_4.cpp
#include <iostream>
#include <string>
using namespace std ;
float checkAgeScore( int age , float score )
{
    if ( age < 16 || age > 25 ) throw age ;
    if ( score < 0 || score > 5 ) throw score;
    return score * 20 ;
}
int main()
{
    char name[20] ;
    int age ;
    float score5 , score100 ;
    cout << "Please input name,age and score of 5 grade:\n" ;
    cin >> name >> age >> score5 ;
    try
    {
        score100 = checkAgeScore ( age , score5 ) ;
        cout << name << "  " << age << "  " << score100 << endl ;
    }
    catch (int)
    {
        cout << "Out of natural age\n" ;
    }
    catch ( float )
    {
        cout << "Out of natural score\n" ;
    }
    return 0 ;
}
```

第3章　类与对象的基本知识

一、单选题

1. 下列类定义格式正确的是________。

A. class st
{
char s[20];
int top;
}

B. class
{
char s[20];
int top;
}

C.
```
class st
{
    char s[20];
    int top;
}A;
```
D.
```
class st
{
    char s[20];
    int top;
};A
```
【参考答案】C

【解析】根据教材 3.1 节内容，在类定义结束时应以“;”结束，选项 A、选项 B 均不符合；选项 B 在定义时没有命名类名；选项 D 在定义对象时错误；选项 C 定义类型的同时定义了对象，正确。

2. 下列类定义或原型声明中，正确的是________。

A.
```
class Retangle
{
 private:
  int X=15,Y=20;
 };
```
B.
```
class Location
{ int X;
  int Y,Z;
 public:
  void o(int=0,int=0,int=0);
};
```
C.
```
class Sample
{
    int X, Y;
public:
    Sample(int m, int n)
    { m=X;   n=Y;}
};
```
D.
```
class example
{
  int figure=1;
  char name;
};
```
【参考答案】B

【解析】选项 A 中仅有私有数据，而无对外的接口，无法完成对私有数据的操作，且不可以在定义时对成员进行初始化；选项 C 的构造函数中 2 条赋值语句左、右两边内容写反了；选项 D 中对私有数据 figure 的赋值是非法的。

3. 如果 class 类中的所有成员在定义时都没有使用关键字 public、private、protected，则所有成员默认的访问属性为________。

A. public　　B. private　　C. static　　D. protected

【参考答案】B

【解析】类定义中缺省访问属性为 private。

4. 下列有关类和对象的说法，错误的是________。

A. 对象是类的一个实例

B. 任何一个对象只能属于一个具体的类

C. 一个类只能有一个对象

D. 类与对象的关系类似于数据类型与变量的关系

【参考答案】C

【解析】类是相同属性的抽象，可以定义若干个实体对象。

5. 对于任意一个类，析构函数的个数为________。

A. 0　　B. 1　　C. 2　　D. 3

【参考答案】B

【解析】类的析构函数没有形参，所以不可能存在重载版本，每个类只有一个析构函数。

6. 通常类的复制构造函数的参数是________。

A. 某个对象名　　B. 某个对象的成员名

C. 某个对象的常引用名　　D. 某个对象的指针名

【参考答案】C

【解析】复制构造函数中的参数采用常引用名，也是保证实参的信息在复制构造函数中不会被修改。

二、问答题

1. 类声明的一般格式是什么？

【参考答案】

```
class 类名
 {
 private:
    私有数据成员和成员函数
 protected:
    保护数据成员和成员函数
 public:
    公有数据成员和成员函数
 };
```

2. 构造函数和析构函数的主要作用是什么？它们各有什么特性？

【参考答案】构造函数可以创建对象并初始化对象，其主要特性如下。

（1）构造函数的函数名必须与类名相同，以类名为函数名的成员函数一定是类的构造函数。

（2）构造函数没有返回值类型，前面不能添加“void”。

（3）构造函数为public属性，否则会造成定义对象时无法调用构造函数。

（4）构造函数只在创建对象时由系统自动调用，所定义的对象在对象名后要提供构造函数所需要的实参，形式为对象名（实参表）。

（5）一个类可以拥有多个构造函数，对构造函数可以进行重载。

（6）若用户没有定义构造函数，系统会为每个类自动提供一个不带形参的构造函数。但是，此时只负责为对象的各个数据成员分配空间，而不提供初值。

析构函数的主要作用：当对象生存期结束时，负责释放对象所占的资源，其主要特征如下。

（1）析构函数也是类的特殊成员函数，其函数名与类名相同，但在类名前要加“～”号。

（2）析构函数没有返回值类型，前面不能加“void”，必须定义为公有成员函数。

（3）析构函数没有形参，不能被重载，每个类只能拥有一个析构函数。

（4）析构函数的调用也是自动执行的。

（5）在任何情况下，析构函数的调用顺序与构造函数的调用顺序正好完全相反。

（6）若用户没有定义析构函数，系统会为其提供一个默认析构函数。

3. 什么是对象数组？

【参考答案】对象数组是指数组元素为类对象的数组。对象数组的定义、使用及初始化与普通数组在本质上是一样的，只是对象数组的元素有一定的特殊性，即元素不仅包括数据成员，而且还包括成员函数。

4. 什么是 this 指针？它的主要作用是什么？

【参考答案】每个成员函数都有一个特殊的隐含指针，称为 this 指针。这个 this 指针用来存放当前主调对象的地址。当对象调用成员函数时，系统将当前主调对象的地址赋值给 this 指针，然后调用成员函数，当成员函数处理数据成员时就是通过 this 指针所指向的位置来提取当前主调对象的数据成员信息，从而使得不同对象调用同一成员函数所处理的是对象自己的数据成员。

5. 使用对象引用作为函数的形参有什么意义？

【参考答案】当用对象引用作形参，在调用函数时使得引用参数成为实参对象的别名，不会产生新对象，不会调用复制构造函数，就无需额外占用内存空间。由于对象引用参数是实参对象的一个别名，共享存储单元，因此在函数中对引用的操作就是对实参对象的操作。在修改对应实参对象方面，引用具有与指针类似的效果，但是其语法比指针简洁许多，更直观，更便于理解。将对象引用作为返回值，还可以使函数的调用作为左值使用。

三、读程序写结果

1. 写出下面程序的运行结果。

```
// answer3_3_1.cpp
#include <iostream >
using namespace std;
class B
{
    int x , y;
public:
    B()
    {
        x = y = 0;
        cout << "con1\t" ;
    }
    B( int i )
    {
        x = i;  y = 0;
        cout << "con2\t" ;
    }
    B( int i,int j )
    {
        x = i;  y = j;
        cout << "con3\t" ;
    }
    ~B()
    {
        cout << "Des\t" ;
    }
};
int main()
{
    B *ptr;
    Ptr = new B[3];
    ptr[0] = B();
```

```
    ptr[1] = B(1);
    ptr[2] = B(2,3);
    delete [ ]ptr;
    return 0 ;
}
```

【参考答案】

```
con1          con1     con1     con1     Des      con2     Des
con3          Des      Des
Des           Des
```

【解析】当执行主程序第 2 行代码时，构造了 3 个 B 类的对象，调用了 3 次无参的构造函数。

当执行主程序第 3 行代码时，调用无参构造函数定义一个临时对象并复制给 ptr[0]，然后调用析构函数撤销此临时对象。

当执行主程序第 4 行代码时，调用重载构造函数定义一个临时对象并复制给 ptr[1]，然后调用析构函数撤销此临时对象。第 5 行代码与此类似。

当执行主程序第 6 行代码时，撤销主程序第 2 行代码分配的动态对象数组，调用析构函数 3 次。

2. 写出下面程序的运行结果。

```
// answer3_3_2.cpp
#include<iostream>
using namespace std;
class Sample
{
    int x;
public:
    void setx( int i )
    {
        x = i;
    }
    int getx()
    {
        return x;
    }
};
int main()
{
    Sample a[3],*p;
    int i = 0;
    for( p = a ; p < a+3 ; p++ )
        p -> setx( i++ );
    for( i = 0 ; i < 3 ; i++ )
    {
         p = &a[i];
        cout << p -> getx() << "   ";
    }
    return 0;
}
```

【参考答案】

```
0    1    2
```

【解析】本题旨在考查对象数组与指向对象的指针的使用方法，Sample 类没有定义构造函数，则数组中 3 个对象均为用默认构造函数创建；在第一次循环语句中，通过移动指针调用 setx()函数，为 3 个对象的数据成员分别赋值；在第二次循环语句中，循环变量改为 i，通过将各个对象元素的地址赋给指针变量，同样可以完成对成员函数的访问。

四、编程题

1. 定义一个学生类，其中包括如下内容。

（1）私有数据成员：年龄　age;

姓名　string name;

（2）公有成员函数：

构造函数：带参数的构造函数 Student(int m , string n);

不带参数的构造函数 Student();

改变数据成员值函数：void SetName(int m , string n);

获取数据成员函数：　int Getage();

string Getname();

在 main()中定义一个有 3 个元素的对象数组并分别初始化，然后输出对象数组的信息。

【参考答案】

```
//answer3_4_1.cpp
#include<iostream>
#include<string>
using namespace std;
class Student
{
    int age;
    string name;
public:
    Student( int m , string n );
    Student();
    void SetName( int m , string n );
    int Getage();
    string Getname();
};
Student::Student( int m , string n )
{
    age = m;
    name = n;
}
Student::Student()
{
    age = 0;
    name = "no";
}
void Student::SetName( int m , string n )
{
    age = m;
    name = n;
}
int Student::Getage()
{
    return age;
}
string Student::Getname()
{
    return name;
}
int main()
{
    Student stu[3] = {Student(13,"wang")} ;  //第 1 个元素用构造函数初始化
```

```
    stu[2].SetName(12,"zhang");                 //第3个元素以设置放置修改数据成员
    cout << stu[0].Getage() << " " << stu[0].Getname() << "\n";
    cout << stu[1].Getage() << " " << stu[1].Getname() << "\n";
                                              //第2个元素由无参构造函数初始化
    Cout << stu[2].Getage() << " " << stu[2].Getname() << "\n";
    return 0;
}
```

2. 设计一个Car类，它的数据成员要能描述一辆汽车的品牌、型号、出厂年份和价格，成员函数包括提供合适的途径来访问数据成员，在main()函数中定义类的对象并调用相应成员函数。

【参考答案】

```
//answer3_4_2.cpp
#include<iostream>
#include<string>
using namespace std;
class Car
{
private:
    string brand;
    string type;
    int year;
    double price;
public:
    Car( string b , string t , int y , double p );
    Car();
    string GetBrand();
    string GetType();
    int GetYear();
    double GetPrice();
    ~Car();
};
Car::~Car()
{  }
Car::Car(string b,string t,int y,double p)
{
    brand = b;
    type = t;
    year = y;
    price = p;
}
Car::Car()
{
    brand = "undefinition";
    type = "undefinition";
    year = 2000;
    price = 0;
}
string Car:: GetBrand()
{
    return brand;
}
string Car:: GetType()
{
    return type;
}
int Car::GetYear()
{
    return year;
}
double Car::GetPrice()
```

```
    {
        return price;
    }
    int main()
    {
        car car1("FIAT","Palio",2007,6.5);
        cout << car1.GetBrand() << "    " <<car1.GetType() << "    "
            << car1.GetYear()  <<"    " << car1.GetPrice() << endl;
        car car2;
        cout << car2.GetBrand() << "  " << car2.GetType() << "  "
            << car2.GetYear() << "  " << car2.GetPrice() << endl;
        return 0;
    }
```

3. 为一门课写一个评分程序，评分原则如下。

（1）有两次随堂考试，每次满分 10 分。

（2）有一次期中考试和一次期末考试，每次满分 100 分。

（3）期末考试成绩占总评成绩的 50%，期中考试成绩占总评成绩的 25%，两次随堂考试成绩总共占总评成绩的 25%。

（4）总评成绩≥90 分为 A，80～89 分为 B，70～79 分为 C，60～69 分为 D，低于 60 分为 E。

设计一个类，记录学生的姓名、各次成绩、总评成绩，对应等级，学生信息由键盘录入，默认总评成绩的等级为 B，其他数据项无默认值。允许修改某次考试成绩，计算总评成绩并给出等级，输出某个同学的全部信息。

主函数的定义如下。

```
    int main()
    {
        Student Array[5];
        int i;
        for( i = 0 ; i < 5 ; i++)
        {
            Array[i].Input();
            Array[i].Evaluate();
        }
        for( i = 0 ; i < 5 ; i++)
            Array[i].Output();
        return 0;
    }
```

【参考答案】

```
    //answer3_4_3.cpp
    #include<iostream>
    using namespace std;
    class Student
    {
        char Name[10];
        int exam1;
        int exam2;
        int mid_term;
        int final;
        int score;
        char result;
    public:
        Student()
        {
```

```
            result = 'B';
        }
        void Input();
        void Evaluate();
        void Output();
};
void Student::Input()
{
    cout << "Input name:" << endl ;
    cin.getline( Name , 9 ) ;
    cout << "Input two exam:" << endl ;
    cin >> exam1 >> exam2 ;
    cout << "Input mid_exam:" << endl ;
    cin >> mid_term ;
    cout << "Input final exam:" << endl;
    cin >> final;
    getchar();
}
void Student:: Evaluate()
{
    int average;
    average = ( exam1 + exam2 ) * 10 / 2 ;
    score = final * 0.5 + average * 0.25 + mid_term * 0.25;
    switch (score / 10)
    {
        case   10:
        case   9: result = 'A'; break;
        case   8: break;
        case   7: result = 'C'; break;
        case   6: result = 'D'; break;
        default: result = 'E'; break;
    }
}

void Student::Output()
{
    cout << Name << ":" << endl;
    cout << "exam1" << '\t' << "exam2" << '\t' << "mid_term" << '\t'
         << "final" << '\t' << "score" << '\t' << "result"<<endl;
    Cout << exam1 << '\t' << exam2 << '\t' << mid_term << '\t'
         <<final << '\t'  << score << '\t' << result << endl;
}
int main()
{
    Student Array[5];
    int i;
    for( i = 0 ; i < 5 ; i++)    {
        Array[i].Input();
        Array[i].Evaluate();
    }
    for( i = 0 ; i < 5 ; i++)
        Array[i].Output();
    return 0;
}
```

4. 设计一个产品类 Product，允许通过如下方式来创建产品对象。

（1）通过指定产品名创建。

（2）通过指定产品名和产品价格创建。

（3）通过指定产品名、产品价格、出厂日期（对象成员）创建。

（4）Product 还应该包含：生产厂家、易碎标记、有效日期（使用对象成员）属性。设计该类时，至少增加 3 个其他属性。成员函数包括访问和修改这些属性的操作。

在 main()中定义对象，并输出相关信息。

【参考答案】

```
//answer3_4_4.cpp
#include<iostream>
#include<string>
using namespace std;
class Product
{
    string name;
    double price;
    string factory;
    bool easy_break;
    string color;
    double high;
public:
    Product( string na ) ;
    Product( string na , double pr ) ;
    void SetProduct(string na,double pr, string fa,bool ea,string co,double h);
    void output();
};
Product::Product( string na )
{
    name = na;
}
Product::Product( string na , double pr )
{
    name = na;
    price = pr;
}
void Product:: SetProduct( string na , double pr, string fa ,
      bool ea , string co , double h )
{
    name = na;
    price = pr;
    factory = fa;
    easy_break = ea;
    color = co;
    high = h;
}
void Product::output()
{
cout << name << "  " << price << " " << endl ;
cout << factory << "  " << easy_break << "  " << endl ;
cout << color << "  " << high << endl ;
}
int main()
{
    Product p1("car");
    Product p2("glass",3.00);
    p1.SetProduct("car",100000.0, "nanjing",0, "red",1.5);
    p1.output();
    return 0;
}
```

第4章　类与对象的知识进阶

一、单选题

1. 下列关于静态数据成员的描述，正确的是________。

A. 静态数据成员必须在类体外进行初始化

B. 静态数据成员不是同类所有对象所共有的

C. 声明和初始化静态数据成员时都必须在该成员名前加关键字 static 修饰

D. 静态数据成员一定可以用“类名::静态数据成员名”的形式在程序中访问

【参考答案】A

【解析】根据静态数据成员初始化的要求，选项 A 的说法正确；选项 B 的说法与静态数据成员是本类所有对象共享这一基本特性相反，所以是错误的；选项 C 错误，因为只能在定义静态数据成员的时候用 static 修饰，而在类体外初始化的时候是不能再加 static 修饰的；选项 D 错误，因为静态数据成员也有是否公有属性上的区别，如果是公有属性的，则可以用“类名::静态数据成员名”的形式在程序中访问，但如果静态数据成员是私有的或保护的属性，则不能用这种形式直接访问，而需要通过静态成员函数来访问。

2. 静态成员函数一般专门用来直接访问类的________。

A. 数据成员　　B. 成员函数　　C. 静态数据成员　D. 常成员

【参考答案】C

【解析】根据静态成员函数的相关知识，它是专门用来直接访问类中非公有的静态数据成员的，也是该类的所有对象公有的，因此不能访问普通的成员函数或普通成员。根据这一知识点，很明显，只有选项 C 的说法正确。

3. 下列关于静态成员函数的说法，错误的是________。

A. 静态成员函数没有 this 指针

B. 一般专门用来访问类的静态数据成员

C. 不能直接访问类的非静态成员

D. 一定不能以任何方式访问类的非静态成员

【参考答案】D

【解析】根据静态成员函数的相关知识，选项 A 的说法正确，因为静态成员函数是该类的所有对象公有的，所以不存在 this 指针；选项 B 的说法正确，因为静态成员函数的最大意义就在于直接访问类的非公有静态数据成员；选项 C 的说法与选项 B 是一致的；选项 D 错误，因为静态成员函数虽然主要用于访问类的静态数据成员，也不能直接访问类的非静态成员，但不意味着就没有办法访问非静态成员了。在主教材中通过示例表明，可以通过在静态成员函数中设置对象相关的参数来间接访问类的非静态成员。因此本题答案为 D。

4. 下面关于常数据成员的说法，错误的是________。

A. 常数据成员必须通过类构造函数的初始化列表进行初始化

B. 常数据成员的初始化可以在类内用类似“const double PI=3.14;”的方式进行

C. 常数据成员的作用域仅为本类内部

D. 常数据成员必须进行初始化，并且其值不能被更新

【参考答案】B

【解析】常数据成员是在类范围内起作用的常量，必须通过构造函数的初始化列表为其提供常量值初始化，并且其值在整个程序运行过程中不可以被改变。根据这些知识，选项A、C、D的说法都正确，而选项B所描述的方法是普通常量定义的方式，并不适合于常数据成员，因此说法错误，本题答案为B。

5. 下列常成员函数的描述中，正确的是________。

A. 常成员函数是类的一种特殊函数，只能用来访问常数据成员

B. 常成员函数只能被常对象调用

C. 常成员函数可以调用普通成员函数

D. 常成员函数不可以改变类中任何数据成员的值

【参考答案】D

【解析】常成员函数的含义是：当类中的函数只对数据成员进行访问性操作而不去修改时，将此成员函数设为常成员函数，保护类内数据成员。选项A的理解是错误的，常成员函数并不是只能访问常数据成员，而是指只能访问所有的数据成员而不可以改变其值；选项B也是错误的，因为常成员函数可以被所有对象所调用，体现的是对象调用该函数时不会改变数据成员的值；选项C是错误的，因为普通成员函数是可以改变数据成员的值的，如果允许常成员函数调用普通成员函数，实际上就存在间接修改数据成员值的可能性，这是常成员函数所不允许的操作；选项D的理解是正确的，这就是常成员函数的本质意义。因此本题答案为D。

6. 下列关于常对象的说法，正确的是________。

A. 常对象的数据成员均为常数据成员

B. 常对象只能调用常成员函数

C. 常对象可以调用所有的成员函数

D. 常对象所属的类中只能定义常成员函数

【参考答案】B

【解析】常对象是指该对象的数据成员不可以被改变的对象。选项A的说法是错误的，常对象只是指该对象的数据成员不能被改变，并没有约束其数据成员一定为常数据成员，事实上，非常数据成员，只要没有操作去改变它，还是没有被改变的可能；选项B的说法是正确的，因为常对象如果可以调用普通成员函数，就一定有可能改变其中部分数据成员的值，这是不允许的，而常成员函数是不可能改变数据成员值的，因此常对象只能调用此类函数；同理选项C是错误的；选项D是错误的，因为一个类是一类对象的高度抽象，如同一个类型中可以有常量和变量一样，类的常量就是常对象，类的变量就是普通对象。只

是常对象只能调用类中的常成员函数，而普通对象则可以调用类中所有的成员函数。因此本题答案为B。

7. 下面的类定义中，为静态数据成员初始化的行应当填入_______。

```
class Test
{
private:
     static int count;
public:
      void Print();
   //其他成员函数.....
};
______count=0;
```

A. int Test::　　B. int　　C. static int Test::　　D. static int

【参考答案】A

【解析】静态数据成员的初始化必须放在类体外单独用赋值的方式，并且static只在定义中出现不能再在初始化中出现，因此选项C和选项D这两个有关键字static的都不是正确的答案；由于静态数据成员的初始化前面不能再加static，并且是在类体外进行，因此为明确指出这是哪个类中的静态数据成员，在成员之前要加上类名::修饰，因此答案只能为选项A而不是选项B。

8. 上机编译下面程序时，会在_______行编译无法通过。

```
#include <iostream>
using namespace std;
class TT
{
     int a;
     static int b;
     const int c;
public:
     TT()                    //①
     {
         a = 0 ;
         b ++ ;              //②
         c = 0 ;             //③
     }
     static int GetB()
     {
         return b;
     }
      void Change()
     {
         B *= 2 ;
     }
};
static int TT::b = 0;    //④
int main()
{
     TT t;
     cout << t.GetB() << endl;
     t.Change();
     cout << t.GetB() < <endl;
     return 0;
}
```

A. ①②③④　　B. ①③④　　C. ②③④　　D. ①②③

【参考答案】B

【解析】此题比较综合，数据成员有普通成员、静态数据成员、常数据成员，特别考查了各自初始化的不同方式。对于普通成员，可以在构造函数体内赋值或在初始化列表中；静态数据成员必须在类体外，且初始化时不能再加关键字 static；常数据成员的初始化必须在构造函数的初始化列表中。根据这些知识，行①未给初始化列表肯定出错；行③对常数据成员在构造函数体内赋值肯定出错；行④在类体外单独用赋值的方式为静态数据成员初始化时，多加了 static 肯定出错；行②体现的是在构造函数中对静态数据成员的修改，是正确的。因此本题答案为 B。

9. 下面关于一个类的友元的说法，错误的是________。

A. 友元函数可以访问该类的私有数据成员

B. 友元的声明必须放在类的内部

C. 友元成员可以是另一个类的某个成员函数

D. 若 X 类是 Y 类的友元，Y 类就是 X 类的友元

【参考答案】D

【解析】友元关系没有交互性，只有在 X、Y 双方都声明对方为自己的友元时才可以互认友元，因此本题答案为 D。

二、问答题

1. 如何实现一个类的所有对象之间的数据共享？

【参考答案】通过类的静态数据成员可以实现同一个类的所有对象之间的数据共享。静态数据成员在类中只有一个备份，不同于其他的数据成员在每个对象中均有备份，其作用域且限于本类。

2. 使用静态成员函数有什么意义？

【参考答案】类中通过定义静态数据成员实现同类对象数据的共享，但当静态数据成员不是公有属性时，类或对象就不能直接访问该静态数据成员，由此，通过定义类的静态成员函数来实现对静态数据成员的操作，然后类或对象可以通过调用该函数实现对非公有的静态数据成员的间接访问。一般来说，静态成员函数主要用于对静态数据成员进行维护与数据共享，它没有 this 指针，这一点与普通成员函数不同。

3. 常数据成员有什么特殊性？

【参考答案】常数据成员是类中的一种特殊成员，是仅作用于类范围内的常量。该成员在定义时前面要加 const 关键字，且一定需要初始化，其初始化工作只能在类构造函数的初始化列表中进行，在整个程序的运行过程中，其值不可以被改变。

4. 什么样的成员函数可以定义为常成员函数，其调用规则如何？

【参考答案】如果类的成员函数对类的数据成员只作访问性操作而不作修改性操作，则可以将此函数定义为常成员函数。公有属性的常成员函数可以被类的任何对象调用，但是，类的常对象只能调用常成员函数。

5. 常对象有什么特殊性?

【参考答案】与基本数据类型的常量一样，在定义常对象时必须进行初始化，而且其对象的数据成员值不能修改。常对象只能调用它的常成员函数而不能调用普通的成员函数。

6. 友元函数有什么作用?

【参考答案】友元机制是 C++语言对类的封装机制的补充。通过这一机制，一个类可以赋予某些函数以特权来直接访问其私有成员。特别要注意的是，无论是哪种形式的友元函数，虽然都拥有访问类的所有成员的特权，但它们都不是类的成员，只是通过友元机制实现了不同类或对象的成员函数之间、类的成员函数和普通函数之间的数据共享。

三、读程序写结果

1. 写出下面程序的运行结果。

```
//answer4_3_1.cpp
#include <iostream>
using namespace std;
class TT
{
public:
   static int total;
   TT()
   {
      total *= 2;
   }
   ~TT()
   {
     total /= 2 ;
   }
};
int TT::total = 1;
int main()
{
   cout << TT::total << "," ;
   TT *p = new TT;
   cout << p-> total << "," ;
   TT A,B;
   cout << A.total << "," ;
   cout << B.total << "," ;
   delete p;
   cout << TT::total << endl ;
   return 0;
}
```

【参考答案】

```
1,2,8,8,4
```

【解析】本题主要考查公有静态数据成员的相关知识。公有的静态数据成员可以用类名或对象名直接访问，并且可以在对象生成之前用类名来访问。第一个输出值 1 就是没有任何对象时的初值；接下来通过 p 指针生成了一个动态对象*p，这时 total 的值扩大两倍，因此第二个输出值为 2；当再次定义了两个对象 A、B 之后，连续自动调用了两次构造函数，因此 total 的值从 2 变为 4 再变为 8，通过这两个对象输出的 total 的值一定是相同的，都等于 8；在此之后，用“delete p;”回收了 p 所指向的动态空间之后，*p 对象不复存在，析构函数使得 total 的值减少一半，变为 4，因此最后一个输出的结果是 4。

2. 写出下面程序的运行结果。

```
//answer4_3_2.cpp
#include <iostream>
using namespace std;
class FF
{
    static int num;
public:
    FF()
    {
       num++ ;
    }
    ~FF()
    {
       num-- ;
    }
    static int GetNum()
    {
       return num ;
    }
};
int FF::num=0;
int main()
{
    cout << FF::GetNum() << "," ;
    FF *p = new FF[2] ,  a[2] ;
    cout << p[0].GetNum() << "," ;
    cout << p[1].GetNum() << "," ;
    cout << a[0].GetNum() << "," ;
    cout << a[1].GetNum() << "," ;
    delete []p;
    cout << a[0].GetNum() << "," ;
    cout << a[1].GetNum() << "," ;
    cout << FF::GetNum() << endl ;
    return 0;
}
```

【参考答案】

```
0,4,4,4,4,2,2,2
```

【解析】本题主要考查静态数据成员及静态成员函数的相关知识。本题的静态数据成员是私有属性的，因此定义了一个公有的静态成员函数 GetNum()专门来访问该静态数据成员。第 1 行输出为 0，此时所有对象尚未被定义，输出的是其获得的初始值。其后接下来定义了 4 个对象，其中两个是通过指针 p 申请的动态内存空间生成动态一维数组元素，另外定义了一维数组 a 含有两个数组元素，因此共 4 个对象。每生成一个新对象 num 都会增加 1，这是构造函数的执行效果，无论该对象是动态的还是普通的。这时无论通过哪个对象访问，其静态数据成员的值都是 4，因此连续输出了 4 个 4。当执行 delete 语句之后，动态一维数组不存在了，即两个动态对象不存在，由析构函数的作用可知，num 将做两次减 1 的操作，因此最后再通过对象或类名调用 GetNum()函数都得到结果 2。

3. 写出程序的运行结果。

```
//answer4_3_3.cpp
#include <iostream>
using namespace std;
class PP
```

```
{
    char c;
public:
    PP(char cc = 'A')
    {
        c = cc ;
    }
    void show();
    void show()const;
};
void PP::show()
{
    cout << c << "@" ;
}
void PP::show() const
{
    cout << c << "!" ;
}
int main()
{
    PP p1( 'B' )  ,p2 ;
    const PP p3( 'S' ) ;
    p1.show() ;
    p2.show() ;
    p3.show() ;
    cout << endl ;
    return 0;
}
```

【参考答案】

```
B@A@S!
```

【解析】本题主要考查常成员函数的定义及调用。本题在类中重载了 show 函数，一个是常成员函数，另一个是普通成员函数，以 const 作为区别。在主函数中定义了普通对象 p1 和 p2，定义了一个常对象 p3，通过这些对象调用 show，常对象一定调用常成员函数，通过输出“！”来判断；而普通对象一定调用普通成员函数，通过输出“@”判断（如果未定义普通成员函数则会自动调用常成员函数）。第一组输出的字符为“B”，是因为定义 p1 对象时提供了实参'B'；第二组输出的字符为“A”，是因为定义 p2 对象时未提供实参，故使用构造函数提供的默认值 A；第三组输出的是字符“S”，是因为定义 p3 对象时给定了实参'S'。

4. 写出下面程序的运行结果。

```
// answer4_3_4.cpp
#include <iostream>
using namespace std;
class Circle
{
    const double PI;
    double r;
public:
    Circle( double rr ) : PI( 3.14 )
    {
        r = rr;
    }
    double Area()const
    {
```

```
            return PI * r * r ;
        }
    };
    int main()
    {
        Circle c1( 2 );
        const Circle c2( 3 );
        cout << c1.Area() << endl ;
        cout << c2.Area() << endl ;
        return 0;
    }
```

【参考答案】

```
12.56
28.26
```

【解析】本题看似简单，但是集中了常数据成员、常成员函数、常对象的用法。常数据成员的初始化一定是通过构造函数的初始化列表进行，其作用域仅为类内部。常成员函数是指对数据成员不作任何改变的函数，这里求面积不需要改变任何数据成员的值。主函数中定义了普通对象 c1 和常对象 c2，它们都可以调用常成员函数求得面积。也就是说，常成员函数可以被任何对象调用，而常对象只能调用常成员函数。两个面积的值不难求解。

5. 写出下面程序的运行结果。

```
//answer4_3_5.cpp
#include <iostream>
#include <string>
using namespace std;
class Student
{int age;
    string name;
public:
    Student(int m, string n)
    {
        age = m;
        name = n;
    }
     friend void disp( Student& ) ; //将函数 disp()声明为友元函数
     ~Student()
     {   }
};
void disp( Student & p )
{
    cout << "Student's name is  " << p.name << ",age is " << p.age;
    cout << endl;
}
int main()
{
    Student A( 18 , "wujiang" ) ;
    Student B( 19 , "xiayu" ) ;
    disp( A ) ;
    disp( B ) ;
    return 0 ;
}
```

【参考答案】

```
Student's name is  wujiang,age is 18
Student's name is  xiayu,age is 19
```

【解析】本题旨在请读者注意，如果友元函数中的参数不用引用，而仅用 Student p，此时参数是进行值传递。

6. 写出下面程序的运行结果。在友元函数中会定义新对象 P，函数结束时会析构该对象。

```
// answer4_3_6.cpp
#include<iostream>
using namespace std;
class base
{
    int n;
public:
    base(int i)
    {
        n = i;
    }
    friend int add( base &s1  , base &s2 ) ;
};
int add( base &s1 , base &s2 )
{
    return s1.n + s2.n ;
}
int main()
{
    base A( 29 )  , B( 11 ) ;
    cout << add(A,B) << endl ;
    return 0 ;
}
```

【参考答案】40

【解析】在 base 类中声明普通函数 add()为类的友元函数，使得在 add()函数中可以直接以 s1.n 和 s2.n 的方式直接访问 base 类对象的私有数据成员。若没有友元函数的声明，这样的方式是非法的。

四、编程题

1. 使用对象成员构成新类。

要求先定义一个 Point 类，用来产生平面上的点对象。两点决定一条线段，即线段由点构成。因此，Line 类使用 Point 类的对象作为数据成员，然后在 Line 类的构造函数中求出线段的长度。

```
class Point
{
private:
    double X, Y;
public:
    Point( double a, double b );
    Point( Point &p );
    double GetX() ;
    double GetY() ;
};
class Line
{
private:
    Point A , B ;                              //定义两个 Point 类的对象成员
```

```
    double length ;
public:
    Line( Point p1 , Point p2 ) ;        //Line 类的构造函数原型，函数体在类外实现
    double GetLength()
};
```

在 main()中定义线段的两个端点，并输出线段的长度。

【参考答案】

```
//answer4_4_1.cpp
#include<iostream>
#include<cmath>
using namespace std ;
class Point
{
private:
    double X, Y;
public:
    Point( double a , double b );
    Point( Point &p ) ;
    double GetX() ;
    double GetY() ;
};
class Line
{
private:
    Point A , B ;                        //定义两个 Point 类的对象成员
    double length ;
public:
    Line(Point p1 , Point p2 ) ;         //Line 类的构造函数原型，函数体类外实现
    double GetLength();
};
Point::Point( double a ,  double b )
{
    X = a ;
    Y = b ;
}
Point::Point(Point &p)
{
    X = p.X ;
    Y = p.Y ;
}
double Point::GetX()
{
    return X ;
}
double Point::GetY()
{
    return Y ;
}
Line::Line( Point p1 , Point p2 ):A( p1 ) , B( p2 )
{
    Length = sqrt((p1.GetX() - p2.GetX()) * (p1.GetX() - p2.GetX())
           + (p1.GetY() - p2.GetY()) * (p1.GetY() - p2.GetY()));
}
double Line::GetLength()
{
    return length;
}
```

```
int main()
{
    Point A( 3 , 4 ) , B( 6 , 8) ;
    Line line( A , B ) ;
    cout << line.GetLength() << endl;
    return 0;
}
```

2. 定义一个学生类，有如下基本成员。

（1）私有数据成员：年龄　int age;

姓名　string name;

（2）公有静态数据成员：学生人数　static int count;

（3）公有成员函数：

构造函数：　带参数的构造函数 Student(int m , string n);

不带参数的构造函数 Student();

析构函数：　~Student();

输出函数：　void Print()const;

主函数的定义及程序的运行结果如下，请完成类的定义及类中各函数的实现代码，补充成一个完整的程序。

```
int main()
{
    cout << "count=" << Student::count << endl;
    Student s1,*p = new Student( 23, "ZhangHong" ) ;
    s1.Print() ;
    p -> Print() ;
    delete p;
    s1.Print() ;
    Student Stu[4];
    cout << "count=" << Student::count << endl ;
     return 0;
}
```

程序运行结果如下。

```
count=0
2
Name=NoName , age=0
2
Name=ZhangHong , age=23
1
Name=NoName , age=0
count=5
```

【参考答案】

```
//answer4_4_2.cpp
#include<iostream>
#include<string>
using namespace std;
class Student
{
    int age ;
    string name ;
public:
    Student( int m , string n ) ;
```

```
    Student() ;
    ~Student() ;
    static int count;
    void Print()const;
};
int Student::count = 0;
Student::Student( int m , string n )
{
    age = m;
    name = n;
    count++;
}
Student::Student()
{
    age = 0;
    name = "NoName";
    count++;
}
Student::~Student()
{
     count--;
}
void Student::Print()const
{
    cout << count << endl;
    cout << "Name=" << name << " , age=" << age << endl ;
}
int main()
{
    cout << "count=" << Student::count << endl;
    Student s1 , * p = new Student( 23 , "ZhangHong" ) ;
    s1.Print() ;
    p -> Print() ;
    delete p ;
    s1 . Print() ;
    Student Stu[4];
    cout << "count=" << Student::count << endl;
    return 0;
}
```

3. 第 2 题中的（1）要求不变；将（2）公有静态数据成员 static int count 改为私有属性；（3）成员函数可以根据需要自行添加，并且适当修改主函数的代码，使得运行结果与第 2 题相同。

【参考答案】

```
//answer4_4_3.cpp
#include<iostream>
#include<string>
using namespace std ;
class Student
{
    int age;
    string name;
    static int count;
public:
    Student( int m , string n ) ;
    Student();
```

```
    ~Student();
     static int GetCount()    //新增加一个静态成员函数操作静态数据成员
    {
       return count ;
    }
    void Print()const ;
};

int Student::count=0;

Student::Student(int m,string n)
{
    age = m;
    name = n;
    count++;
}

Student::Student()
{
    age = 0;
    name = "NoName";
    count++;
}

Student::~Student()
{
     count--;
}

void Student::Print()const
{
    cout << count << endl;
    cout << "Name=" << name<< " , age=" << age << endl ;
}

int main()
{
    cout << "count=" << Student::GetCount() << endl;
    Student s1 , *p = new Student( 23 , "ZhangHong" ) ;
    s1 . Print() ;
    p -> Print() ;
    delete p;
    s1 . Print() ;
    Student Stu[4];
    cout << "count=" << Student::GetCount() << endl ;
    return 0;
}
```

4．根据下面的主函数，补充定义点类Point及相关函数，主要成员如下。

（1）私有数据成员：x，y，均为double型，分别表示横坐标和纵坐标；

（2）公有成员函数：

构造函数：带有默认值，横坐标和纵坐标的默认值均为0；

常成员函数：GetX()，用来返回横坐标的值；

常成员函数：GetY()，用来返回纵坐标的值；

成员函数：Change()，用来改变坐标的值，形参自己设定。

（3）定义普通函数 Area()，用来求以形参指定的两个点之间长度为半径的圆面积。请将程序补充完整，补充需要定义的其他常量或函数。主函数代码如下。

```
int main()
{
   const Point p1;
   Point p2( -5,3 ) ;
   cout << "s1=" << Area(p1,p2) << endl;
   p2 . Change( 56 , 34 ) ;
   cout << "s2=" << Area( p1 , p2 ) << endl ;
   return 0;
}
```

【参考答案】

```
//answer4_4_4.cpp
#include <iostream>
using namespace std;
class Point
{
 double  x , y ;
public:
 Point(double xx = 0 , double yy = 0)
 {
     x = xx ;
     y = yy ;
 }
 double GetX() const
 {
     return x;
 }
 double GetY()const
 {
     return y;
  }
 void Change(double xx,double yy)
 {   x = xx ;
     y = yy ;
 }
};
double Area( const Point &p1 , Point & p2 )
{
    const double PI = 3.14 ;
    double xdis , ydis , s ;
    xdis = p2.GetX() - p1.GetX() ;
    ydis = p2.GetY() - p1.GetY() ;
    s = PI * ( xdis * xdis + ydis * ydis ) ;
    return s;
}
int main()
{
    const Point p1 ;
    Point p2( -5 , 3 ) ;
    cout << "s1=" << Area( p1  ,p2 ) << endl ;
    p2 . Change( 56 , 34 ) ;
    cout << "s2=" << Area( p1 , p2 ) << endl ;
    return 0 ;
}
```

第5章　继承性

一、单选题

1. 下列关于派生类的描述中，正确的是________。

A. 派生类可以继承多个基类

B. 派生类不可以作为其他类的基类

C. 派生类的构造函数初始化列表中必须包含对基类构造函数的调用

D. 派生类对基类默认的继承方式为 public

【参考答案】A

【解析】根据多重继承的定义可知选项 A 是正确的；选项 B 错误，因为在多层次的类继承关系中，处于非最顶层和最下层的类既是上层类的派生类又是下层类的基类；选项 C 错误，因为如果基类的构造函数不具有形参或形参带有默认值，这时派生类构造函数初始化列表中不一定要列出对基类构造函数的调用，在派生类对象定义时会自动调用基类的构造函数；选项 D 错误，因为派生类对基类默认的继承方式为 private。

2. 多重继承构造函数的调用顺序一般可分为 4 个步骤，下面 4 个步骤正确的顺序是________。

Step 1：调用派生类自己的构造函数。

Step 2：任何非虚基类，按照它们被继承的顺序依次调用构造函数。

Step 3：任何虚基类，按照它们被继承的顺序依次调用构造函数。

Step 4：任何派生类的对象成员，按照它们声明的顺序依次调用所属类的构造函数。

A. Step1→Step2→Step3→Step4　　B. Step2→Step3→Step4→Step1

C. Step3→Step2→Step4→Step1　　D. Step1→Step4→Step2→Step3

【参考答案】C

【解析】在多重继承中，派生类与基类中构造函数的执行顺序是先执行基类的构造函数对基类成员进行初始化，再执行派生类的构造函数，如果虚基类与非虚基类并存，则虚基类的构造函数首先被执行；如果派生类中还包括对象成员，则在调用各种基类的构造函数结束后，应当按照对象成员的说明次序依次调用所属类的构造函数，最后才调用派生类自己的构造函数。不管在什么情况下，派生类自己的构造函数总是最后一个被调用的，故选项 C 所示顺序正确。

3. 派生类构造函数的成员初始化列表不能包含的初始化项是________。

A. 基类的构造函数　　B. 基类的成员对象所属类的构造函数

C. 派生类自身定义的数据成员　　D. 派生类的成员对象所属类的构造函数

【参考答案】B

【解析】由于派生类不能继承基类的构造函数，故基类如果有带参数的构造函数，则在派生类的构造函数的成员初始化列表中一定要有对基类构造函数的调用，故 A 不是所要答案；派生类中新增加数据成员的初始化工作只能由本类的构造函数完成，可以通过将这些数据成员在初始化列表中给定参数或者在派生类的构造函数体中进行赋值，故选项 C 也错误；选项 D 与选项 C 类似，派生类的成员对象的初始化也应该在本类构造函数中完成，故其所属类的构造函数应该出现在初始化列表中；选项 B 是所选答案，因为基类中的成员对象所属类的构造函数调用应该在基类的构造函数初始化列表中，而不应该出现在派生类构造函数的初始化列表中。

4. 下列关于虚基类初始化的说法中，正确的是________。

A. 虚基类的初始化可由它的各层派生类构造函数引起，故不止一次初始化

B. 虚基类直接派生类的构造函数的初始化列表中必须包含对虚基类构造函数的调用

C. 无论是否定义最后派生类的对象，虚基类的构造函数至少调用一次

D. 在最后派生类构造函数的调用中，先调用虚基类的构造函数，在调用其他基类的构造函数时，不再调用虚基类的构造函数

【参考答案】D

【解析】根据虚基类构造函数的定义及调用规则可知，在定义最后派生类对象时，将引起虚基类构造函数的调用，并且该函数只能被调用一次，故选项 C 是错误的；同时，虚基类的构造函数只会调用一次，由其派生的各层派生类中对它的调用均被忽略，故选项 A 也是错误的；当虚基类的构造函数无形参或带有默认参数值时，直接派生类的初始化表中可以不列出，所以选项 B 错误；只有选项 D 才是正确的。

5. 下面有关基类与公有派生类的赋值兼容原则的说法中，正确的是________。

A. 公有派生类对象不能赋给基类对象

B. 基类对象能赋给其公有派生类的引用

C. 基类对象不能赋给公有派生类对象

D. 公有派生类对象地址不能赋给基类指针变量

【参考答案】C

【解析】赋值兼容原则中“基类对象=公有派生类对象”，反之不成立，因此选项 A 是错误的，而选项 C 是正确的；根据赋值兼容原则中“基类的引用=公有派生类对象”，反之不成立，因此选项 B 是错误的；根据赋值兼容原则中“指向基类对象的指针=指向公有派生类对象的指针”，反之不成立，因此选项 D 是错误的。

二、填空题

1. 继承的三种方式是________、________和________，默认的继承方式是________。

【参考答案】公有/public、保护/protected、私有/private，私有/private

2. 如果一个单一继承的派生类中含有对象成员，那么在该派生类对象生命期结束时，其析构函数的调用顺序是：先调用________的析构函数，再调用________的析构函数，最后调用________的析构函数。

【参考答案】派生类、对象成员所属类、基类

3. 设置虚基类使用关键字________，是在虚基类的直接________类的说明中实现，其目的是______________________。

【参考答案】virtual、派生、消除二义性

4. 基类成员在派生类中的访问属性由_______________和_______________共同影响。

【参考答案】该成员在基类中的属性、继承方式

5. 赋值兼容原则仅适用于通过________方式派生的派生类及其基类之间。

【参考答案】公有/public

三、问答题

1. 何谓赋值兼容规则？具体是指什么情况？

【参考答案】赋值兼容实际上指不同类的对象之间、指针之间及引用与对象之间可以进行赋值。在基类和公有派生类之间存在赋值兼容规则，具体有以下 4 种情况。

（1）基类对象=公有派生类对象。

（2）指向基类对象的指针=公有派生类对象的地址。

（3）指向基类对象的指针=指向公有派生类对象的指针。

（4）基类的引用=公有派生类对象，即派生类对象可以初始化基类的引用。

2. 对于如下类型声明，分别指出类 A、B、C 可访问的成员及其属性。

```
class A
{
    int a1, a2;
protected:
    int a3, a4;
public:
    int  a5, a6;
    A(int);
};
class B: A
{
    int b1, b2;
protected:
    int b3, b4;
public:
    int b5, b6;
    B(int);
};
class C: public B
{
    int c1, c2;
protected:
    int c3, c4;
public:
    int c5, c6;
    C(int);
};
```

【参考答案】

class A 的可访问成员及其属性如下。

```
    private: a1, a2
    protected:   a3, a4
    public:      a5, a6
```

class　B 的可访问成员及其属性如下。

```
private: b1, b2, a3, a4, a5, a6
protected:  b3, b4
public:     b5, b6
```

class　C 的可访问成员及其属性如下。

```
private: c1, c2
protected:  c3, c4, b3, b4
public:     c5, c6, b5, b6
```

【解析】（1）注意构造函数不能被直接调用，也不能取构造函数的入口地址，构造函数是仅供系统调用的。

（2）继承方式没有明确时，默认为 private。

3. 什么是虚基类？在 C++语言中何时需要说明虚基类？

【参考答案】 虚基类是派生类继承基类时，在基类前面加上 virtual 来定义的。普通基类与虚基类的唯一区别只有在派生类重复继承了某一基类时才表现出来。在 C++中，如果在多条继承路径上有一个公共的基类，那么在这些路径中的某几条路径的汇合处，这个公共的基类成员在汇合处派生类对象中将存在多个备份，如果想使公共的基类成员只有一个备份，则必须将该公共基类说明为虚基类。

四、读程序写结果

1. 写出下面程序的运行结果。

```
//answer5_4_1.cpp
#include <iostream>
using namespace std;
class A
{
public:
    A()
    {
        cout<<'A';
    }
};
class B
{
public:
    B()
    {
        cout<<'B';
    }
};
class C: public A
{
public:
    C()
    {
        cout<<'C';
    }
};
class D: public A, public B
{
public:
    D()
```

```
    {
        cout<<'D';
    }
};
class E: public B, public virtual C
{
public:
    D d;
    E()
    {
        cout<<'E';
    }
};
class  F: public virtual C, public D, public E
{
public:
    C c, d;
    E e;
    F()
    {
        cout<<'F';
    }
};
int main()
{
    A a;
    cout << '\n';
    B b;
    cout << '\n';
    C c;
    cout << '\n';
    D d;
    cout << '\n';
    E e;
    cout << '\n';
    F f;
    cout << '\n';
    return 0 ;
}
```

【参考答案】

```
A
B
AC
ABD
ACBABDE
ACABDBABDEACACACBABDEF
```

【解析】在同一棵派生树中，同名虚基类只构造一次，且要注意虚基类最先构造，若有多个虚基类则按宽度优先搜索的顺序构造。其次是按定义顺序构造所有的基类，然后是按定义顺序初始化或构造所有的数据成员，最后执行构造函数自己的函数体。虽然本题只要求给出构造的顺序，但要注意析构是构造的逆序。

2．写出下面程序的运行结果。

```
//answer5_4_2.cpp
#include <iostream>
using namespace std;
class X
{
```

```
public:
    X()
    {
        cout << "X::X() constructor executing\n";
    }
    ~X()
    {
        cout << "X::~X() destructor executing\n";
    }
};
class Y:public X
{
public:
    Y()
    {
        cout << "Y::Y() constructor executing\n";
    }
    ~Y()
    {
        cout << "Y::~Y() destructor executing\n";
    }
};
class Z: public Y
{
public:
    Z()
    {
        cout << "Z::Z() constructor executing\n";
    }
    ~Z()
    {
        cout << "Z::~Z() destructor executing\n";
    }
};
int main()
{
    Z z;
    return 0 ;
}
```

【参考答案】

```
X::X() constructor executing
Y::Y() constructor executing
Z::Z() constructor executing
Z::~Z() destructor executing
Y::~Y() destructor executing
X::~X() destructor executing
```

【解析】这是一道非常典型的单继承方式下基类、派生类构造函数、析构函数执行顺序的题目。题中类 X 是类 Y 的基类，类 Y 又是类 Z 的基类，因此定义类 Z 的对象 z 时，构造函数 Z::Z()被调用；在执行它之前，调用上层基类构造函数 Y::Y()；在执行 Y::Y()之前，调用上层基类构造函数 X::X()，因此 3 个构造函数的执行顺序为 X::X()→Y::Y()→Z::Z()，而析构函数的调用顺序正好相反，执行顺序为 Z::～Z()→Y::～Y()→X::～X()。

3. 写出下面程序的运行结果。

```
//answer5_4_3.cpp
#include <iostream>
using namespace std;
class A
```

```
{
public:
    int n;
};
class B: virtual public A
{ };
class C: virtual public A
{ };
class D: public B, public C
{ };
inline void print(D &d)
{
    cout << "d.A::n = " << d.A::n << ", d.B::n = " << d.B::n;
    cout << ", d.C::n = " << d.C::n << ", d.D::n = " << d.n << "\n";
}
int main()
{
    D d;
    d.A::n = 10;
    print( d ) ;
    d.B::n = 20 ;
    print( d );
    d.C::n = 30 ;
    print( d ) ;
    d.n = 40;
    print( d ) ;
    return 0 ;
}
```

【参考答案】

```
d.A::n = 10, d.B::n = 10, d.C::n = 10, d.D::n = 10
d.A::n = 20, d.B::n = 20, d.C::n = 20, d.D::n = 20
d.A::n = 30, d.B::n = 30, d.C::n = 30, d.D::n = 30
d.A::n = 40, d.B::n = 40, d.C::n = 40, d.D::n = 40
```

【解析】此题定义了虚基类 A，所以公共基类 A 的成员在各派生类中都只有一个备份，通过任何一个类作用域来改变成员 n 的值时，访问的都是同一个值。

4. 写出下面程序的运行结果。

```
//answer5_4_4.cpp
#include <iostream>
using namespace std;
class X
{
public:
    void f()
    {
        cout << "X::f() executing\n";
    }
};
class Y:public X
{
public:
    void f()
    {   cout << "Y::f() executing\n";
    }
};
int main()
{
    X x;
```

```
    Y y;
    X *p = &x;
    p->f();
    p = &y;
    p->f();
    y.f();
    return 0 ;
}
```

【参考答案】

```
X::f() executing
X::f() executing
Y::f() executing
```

【解析】此题主要考查赋值兼容规则、同名覆盖等知识点。第 1 行输出结果不涉及赋值兼容规则，基类指针获得基类对象的地址，因此调用的一定是基类中的 f()函数；第 2 行输出体现的是赋值兼容规则，派生类对象的地址可以赋给基类的指针变量，但是此指针不能访问派生类中新增成员，只能访问此基类的成员，因此指针 p 调用的是基类 X 的 f()函数，而不是派生类 Y 的 f()函数；第 3 行输出的是由派生类对象调用本类重新定义的同名函数 f()。

五、编程题

1. 某公司财务部需要开发一个计算雇员工资的程序。该公司有 3 类员工，工资计算方式如下。

（1）工人工资：每小时工资额（通过成员函数设定）乘以当月工作时数（通过成员函数设定），再加上工龄工资。

（2）销售员工资：每小时工资额（通过成员函数设定）乘以当月工作时数（通过成员函数设定），加上销售额提成，再加上工龄工资；其中销售额提成等于该销售员当月售出商品金额（通过成员函数设定）的 1%。

（3）管理人员工资：基本工资 1000 元，再加上工龄工资。

其中，工龄工资指雇员在该公司工作的工龄每增加一年，月工资就增加 35 元。

请用面向对象方法分析、设计这个程序，并用 C++语言写出完整程序。

【参考答案】

```
//answer5_5_1.cpp
#include <string>
using namespace std;
class Employee
{
protected:
    string name;
    int working_years;
public:
    Employee(string nm, int wy)
    {
        name = nm;
        working_years = wy;
    }
    string GetName()
    {
```

```
        return name;
    }
    float ComputePay()
    {
        return 35.0f * working_years;
    }
};
class Worker: public Employee
{
    float hours, wage;
public:
    Worker(string nm, int wy): Employee(nm, wy)
    {
        hours = 0;
        wage = 0;
    }
    void SetHours(float hrs)
    {
        hours = hrs;
    }
    void SetWage(float wg)
    {
        wage = wg;
    }
    float ComputePay()
    {
        return Employee::ComputePay() + wage * hours;
    }
};
class SalesPerson: public Worker
{
    float sales_made;
public:
    SalesPerson(string nm, int wg): Worker(nm, wg)
    {
        sales_made = 0;
    }
    void SetSales(float sl)
    {
        sales_made = sl;
    }
    float ComputePay()
    {
        return Worker::ComputePay() + 0.01f * sales_made;
    }
};
class Manager:public Employee
{
    float salary;
public:
    Manager(string nm, int wy): Employee(nm, wy)
    {
        salary = 0;
    }
    void SetSalary(float sl)
    {
        salary = sl;
    }
```

```
    float ComputePay()
    {
        return Employee::ComputePay() + salary;
    }
};
int main()
{
    Worker Zhang("Zhang wei", 8);
    Zhang.SetHours(181.5f);
    Zhang.SetWage(9.5f);
    cout << "Salary for " << Zhang.GetName() << " is :";
    cout << Zhang.ComputePay() << "\n";
    SalesPerson Wang("Wang min",11);
    Wang.SetSales(38750.85f);
    Wang.SetHours(198.7f);
    Wang.SetWage(10.1f);
    cout << "Salary for " << Wang.GetName() << " is :";
    cout << Wang.ComputePay() << "\n";
    Manager He("He jun",25);
    He.SetSalary(567.5f);
    cout << "Salary for " << He.GetName() << " is :";
    cout << He.ComputePay() << "\n";
    return 0;
}
```

2. 图 2-1 为一个多重继承的类继承关系示意图，各类的主要成员已有说明，请编写体现该继承关系的程序，并定义教师对象、学生对象、研究生对象、在职研究生对象，输出他们的信息。

（1）关于数据成员：

数据类 Data：成员 name 保存姓名；

教师类 Teacher：增加成员 sal 保存工资；

学生类 Student：增加成员 id 保存学号；

研究生类 Postgrad：增加成员 dn 保存系别；

教师中的在职研究生类 Tpost：不另外定义成员。

（2）关于成员函数：

在各类中定义输出所有数据成员的函数 void print()。

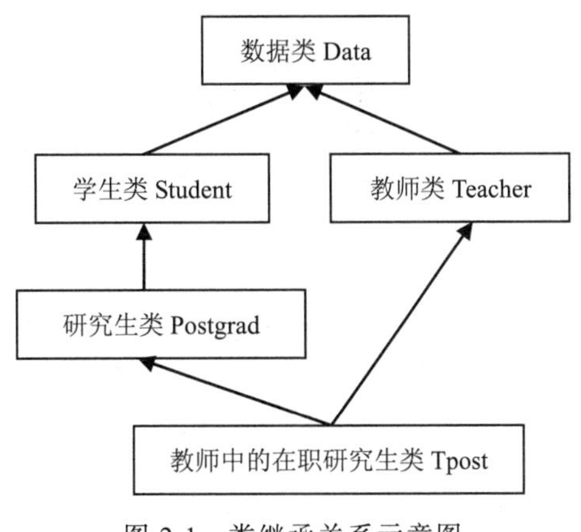

图 2-1　类继承关系示意图

【参考答案】

```
//answer5_5_2.cpp
#include <iostream>
#include <string>
using namespace std;
class Data
{
public:
    Data(string na)
    {
        name = na;
    }
    void print()
    {
        cout << "\nName:" << name << endl;
    }
private:
    string name;
};
class Student: virtual public Data
{
public:
    Student(string na, string pid): Data(na)
    {
        id = pid;
    }
    void print()
    {
        Data::print();
        cout << " id = " << id << endl;
    }
private:
    string id;
};
class Teacher: virtual public Data
{
public:
    Teacher(string na, float psal): Data(na)
    {
        sal = psal;
    }
    void print()
    {
        Data::print();
        cout << " sal = " << sal << endl;
    }
private:
    float sal;
};
class Postgrad: public Student
{
    string dn;
public:
    Postgrad(string na, string pid, string p): Data(na), Student(na, pid)
    {
        dn = p;
    }
    void print()
    {
```

```
        Student::print();
        cout << " dn = " << dn << endl;
    }
};
class Tpost: public Teacher, public Postgrad
{
public:
    Tpost(string na, string pid, string p, float psal): Data(na), Teacher(na,
psal), Postgrad(na,pid,p)
    {  };
    void print()
    {
        Teacher::print();
        Postgrad::print();
    }
};
int main()
{
    Teacher tobj("Zhuhong", 2000);
    Student sobj("Wanghui", "B05030417");
    Postgrad pobj("Lixuefeng", "Yj040217", "Computer Department");
    Tpost tpobj("Liuling", "Yz040318", "Society Department", 800);
    cout << "the teacher: \n";
    tobj.print();
    cout << "the student:\n";
    sobj.print();
    cout << " the postgraduate:\n";
    pobj.print();
    cout << " the teacher and postgraduate:\n";
    tpobj.print();
    return 0;
}
```

第 6 章　多态性

一、单选题

1. 下列运算符中，________运算符在 C++语言中不能重载。

　A. +=　　B. [ ]　　C. ::　　D. new

【参考答案】C

【解析】C++语言中有 5 个运算符（.、.*、::、?:、sizeof）不能重载。

2. 下列定义重载函数的要求中，错误的是________。

　A. 要求参数的个数不同

　B. 要求参数中至少有一个类型不同

　C. 要求参数个数相同时，参数类型不同

　D. 要求函数的返回值不同

【参考答案】D

【解析】C++语言中函数的重载是指同名函数定义时在形参的个数、类型、顺序有不同，在程序编译时根据实参与形参的匹配情况，确定调用哪一个函数。与函数返回值类型无关。

3. 下列关于运算符重载的描述中，正确的是________。

A. 运算符重载可以改变运算符的个数

B. 运算符重载可以改变优先级

C. 运算符重载可以改变结合性

D. 运算符重载不可以改变语法结构

【参考答案】D

【解析】C++语言中对运算符的重载规定：（1）C++语言中只能重载已有的运算符，不能自己创造新的运算符。（2）重载之后运算符的优先级与结合性都不会改变。

4. 静态多态性可以使用________获得。

A. 虚函数和指针 B. 函数重载和运算符重载

C. 虚函数和对象 D. 虚函数和引用

【参考答案】B

【解析】C++语言中函数重载和运算符重载是在程序编译阶段完成匹配的，利用虚函数实现多态是在程序运行阶段完成的。

5. 下列关于纯虚函数和抽象类的描述中，错误的是________。

A. 纯虚函数是一种特殊的虚函数，它没有具体的实现代码

B. 抽象类是指具有纯虚函数的类

C. 一个基类中声明有纯虚函数，该基类的派生类一定不再是抽象类

D. 抽象类只能作为基类来使用，其纯虚函数的实现由派生类给出

【参考答案】C

【解析】派生类也可以定义新的纯虚函数，从而成为抽象类。

二、填空题

1. C++语言支持的两种多态性分别是________多态性和________多态性。

【参考答案】静态、动态

【解析】C++语言中有两种多态性。

（1）静态多态性：在程序编译阶段完成。例如，函数重载、运算符重载实现的多态。

（2）动态多态性：在程序运行阶段完成。例如，类的继承过程中虚函数实现的多态。

2. 静态联编通过________和________实现，动态联编通过________和________实现。

【参考答案】函数重载、运算符重载；继承、虚函数

【解析】C++语言中，静态联编也称为静态多态性，在程序编译阶段完成；动态联编也称为动态多态性，在程序运行阶段完成。

3. 虚函数有一定的限制，不能是________、________和________。

【参考答案】静态成员函数、内联成员函数、构造函数。

【解析】因为静态成员函数属于类的所有对象，不属于某一个对象，没有多态性的特征；内联成员函数的执行代码是明确的，没有多态性的特征；构造函数的功能在对象创建时实

现，完成对象的初始化，构造函数作为虚函数是没有意义的。

4. 不可以通过友元函数重载的运算符有________、________、________和________。

【参考答案】“=”、“( )”、“[ ]”、“->”。

【解析】C++语言中运算符如“=”、“( )”、“[ ]”、“->”只能重载为成员函数。

三、问答题

1. 静态多态性与动态多态性有什么区别？它们的实现方法有什么不同？

【参考答案】静态多态性：是由同名函数根据定义时在形参的个数、顺序、类型方面的不同，在程序编译时就能根据实参与形参的匹配情况，确定究竟调用了哪一个函数。动态多态性：基类与派生类中存在的同名函数，只有在程序运行时，通过基类的指针指向基类或派生类对象，或基类的引用代表了基类或派生类的对象，来确定调用的是基类还是派生类中的同名函数。静态多态性通过函数重载和运算符重载实现；动态多态性通过继承虚函数和赋值兼容实现。

2. 对虚函数的定义有哪些注意事项？

【参考答案】与类的普通的成员函数相比，前面增加一个关键字 virtual。同名虚函数在基类和派生类中其函数原型完全一致，即函数的返回值类型、函数名、形参表完全相同。

【解析】在虚函数定义和多态性的应用中，要注意以下几点。

（1）一旦在基类中指定某成员函数为虚函数，那么，不管在公有派生类中是否给出 virtual 声明，派生类（甚至是派生类的派生类等多层派生）中对其重新定义函数体的成员函数均为虚函数。为了增强可读性，通常在派生类中仍然加上关键字 virtual。

（2）在实际编程中，只需在类的声明文件（即头文件）中用 virtual 声明虚函数，在类的定义文件中不能加关键字 virtual。

（3）只有类非静态成员函数才可以是虚函数。因为通过虚函数表现多态性是一个类的派生关系，一般的普通函数不具备这种派生关系。

（4）派生类必须以公有方式继承基类，这是赋值兼容原则的使用前提，派生类只有从基类公有继承，才允许基类的指针指向派生类对象，以及基类的引用是派生类对象的别名。

虚函数的限制如下。

（1）静态成员函数不能声明为虚函数。

（2）内联成员函数不能声明为虚函数。

（3）构造函数不能是虚函数。

3. 定义虚函数的目的是什么？定义纯虚函数的目的是什么？

【参考答案】定义虚函数的目的是实现动态多态性。

定义纯虚函数的目的在于基类给派生类提供一个标准的函数原型，统一接口，为实现动态多态性打下基础，派生类将根据需要给出纯虚函数的具体实现代码。

【解析】虚函数实现动态多态性。存在继承关系是首要条件，而且派生类一定是以公有方式继承了基类，可以通过基类指针或引用访问基类和派生类中被说明为虚函数的函数原型完全一致的同名函数。

纯虚函数是一种没有函数体的特殊虚函数，在定义时，将“=0”写在虚函数原型最后表示这是一个纯虚函数。纯虚函数不能被调用，因为它只有函数名，而无具体实现代码，无法实现具体的功能。该函数只有在派生类中被具体定义后才可调用。

四、读程序写结果

1. 写出下面程序的运行结果。

```
//answer6_4_1.cpp
#include <iostream>
using namespace std;
class base
{
public:
    base()
    {
        cout << "构造base对象" << endl;
    }
    virtual void f()
    {
        cout << "调用base::f()" << endl;
    }
};
class derived: public base
{
public:
    derived()
    {
        cout << "构造derived对象" << endl ;
    }
    void f()
    {
        cout << "调用derived::f()" << endl ;
    }
};
int main()
{   base *p ;
    derived  d ;
    d.f();
    p = &d;
    p -> f() ;
    return 0;
}
```

【参考答案】

```
构造base对象
构造derived对象
调用derived::f()
调用derived::f()
```

【解析】main()中，定义派生类对象 d，导致基类构造函数、派生类构造函数的依次执行，得到前 2 行的输出。通过派生类对象 d 来调用 f 函数肯定是调用派生类中的 f 函数，于是得到第 3 行输出。由于 void f()是虚函数，所以当基类的指针 p 指向派生类对象 d 时，调用的 f 函数就是派生类中的 f 函数，于是得到第 4 行的输出。

2. 写出下面程序的运行结果。

```
//answer6_4_2.cpp
#include<iostream>
using namespace std;
class base1                     //定义基类 base1
{
public:
    virtual void who()          //函数 who()为虚函数
    {
        cout << "this is the class of base1!" << endl ;
    }
};
class base2                     //定义基类 base2
{
public:
    void who()                  //函数 who()为一般函数
    {
        cout << "this is the class of base2!" << endl ;
    }
};
class derive:public base1,public base2
{
public:
    void who()
    {
        cout << "this is the class of derive!" << endl ;
    }
};
int main()
{
    base1 obj1 , *ptr1 ;
    base2 obj2 , *ptr2 ;
    derive obj3 ;
    ptr1 = &obj1 ;
    ptr1 -> who() ;
    ptr2 = &obj2 ;
    ptr2 -> who() ;
    ptr1 = &obj3 ;
    ptr1 -> who() ;
    ptr2 = &obj3 ;
    ptr2 -> who();
    return 0 ;
}
```

【参考答案】

```
this is the class of base1!
this is the class of base2!
this is the class of derive!
this is the class of base2!
```

【解析】base1 中 who()函数是虚函数，而 base2 中 who()函数是普通成员函数。main()中，通过指针分别指向基类、派生类的对象，表现在指针指向派生类对象时，who()函数的执行，虚函数才能体现动态多态性，第 3 行的输出是动态多态性的体现，第 4 行的输出表明普通函数不能体现动态多态性，只是按赋值兼容的规则运行。

3. 写出下面程序的运行结果。

```
//answer6_4_3.cpp
#include<iostream>
using namespace std;
class point
{
private:
    float x , y;
public:
    point(float xx = 0 , float yy = 0 )
    {
        x = xx ;
        y = yy ;
    }
    float get_x()
    {
        return x ;
    }
    float get_y()
    {
        return y ;
    }
    point operator++ () ;                    //重载前置运算符"++"
    point operator-- () ;                    //重载前置运算符"--"
};
point point::operator++ ()
{
    if( x < 640 )
            ++x ;
    if(y < 480)
            ++y ;
    return *this ;
}
point point::operator-- ()
{
    if( x > 0 )
        --x ;
    if( y > 0 )
        --y ;
    return *this;
}
int main()
{
    point p1(10 , 10) , p2(200 , 200) ;  //声明 point 类的对象
    int i;
    for( i = 0 ;i < 5 ; i++)
    {
        cout << "p1:x=" << p1.get_x() << ",y=" << p1.get_y() << endl;
        ++p1 ;
    }
    for( i = 0 ; i < 5 ; i++)
    {
        cout << "p2:x=" << p2.get_x() << ",y=" << p2.get_y() << endl;
        --p2 ;
    }
    return 0;
```

```
}
```

【参考答案】

```
p1:x=10,y=10
p1:x=11,y=11
p1:x=12,y=12
p1:x=13,y=13
p1:x=14,y=14
p2:x=200,y=200
p2:x=199,y=199
p2:x=198,y=198
p2:x=197,y=197
p2:x=196,y=196
```

【解析】C++语言前置单目运算符"++"和"--"重载。

五、编程题

1. 定义一个表示三维空间坐标点的类，并重载下列运算符，主函数定义类对象并调用重载的运算符。

（1）插入运算符"<<"：按(x,y,z)格式输出该点坐标（坐标为整型）。

（2）关系运算符">"：如果 A 点到原点（0,0,0）的距离大于 B 点到原点的距离，则 A>B 为真，否则为假。

【参考答案】由以下 3 个文件组成。

```
//①answer6_5_1.h
#include<iostream>
using namespace std;
class point
{
private:
    int x,y,z;
public:
    point(int xx = 0 , int yy = 0 , int zz = 0 );
    int operator> ( point ob ) ;                    //重载比较运算
   friend ostream & operator<< ( ostream &out , const point &ob ) ;
};

//②answer6_5_1.cpp
#include"answer6_5_1.h"
point::point ( int xx , int yy , int zz )
{
    x = xx ;
    y = yy ;
    z = zz ;
}
int point::operator> ( point ob )
{
    int d1;
    d1 = x*x + y*y + z*z ;
    int d2;
    d2 = ob.x*ob.x + ob.y*ob.y + ob.z*ob.z ;
    return d1 > d2 ;
}
ostream &operator<< ( ostream &out , const point &ob )
{
```

```
    out << "(" ;
    out << ob.x << "," ;
    out << ob.y << "," ;
    out << ob.z ;
    out <<")\n" ;
    return out;
}

//③answer6_5_1_main.cpp
#include "answer6_5_1.h"
int main()
{
    point p1( 10 , 10 , 20 ) , p2( 20 , 20 , 10) ;
    cout << p1;
    cout << p2;
    cout << "p1>p2:" << (p1>p2) << endl;
    cout << "p2>p1:" << (p2>p1) << endl;
return 0;
}
```

【解析】重载输出运算符，必须作为类的友元函数来实现，且函数 operator<<的返回值类型必须是 ostream &，一般有两个形参：第一个形参为 ostream 流类的引用，第二个形参为类的一个对象引用，也可以是一个对象常引用。

2. 设计一个矩阵类，要求在矩阵类中重载运算符加（+）、减（-）、乘（*）、赋值（=）和加赋值（+=），主函数定义类对象并调用重载的运算符。

【参考答案】由以下 3 个文件组成。

```
//①answer6_5_2.h
#include <iostream>
using namespace std;
class Matrix                          //定义矩阵类
{
public:
    int  *m ;                         //利用 m 申请动态空间存放矩阵的元素
    int  row;                         //矩阵的行数
    int  col;                         //矩阵的列数
    Matrix ( int , int ,int * ) ;
Matrix ( const Matrix & ) ;
    Matrix () ;
    ~Matrix () ;
    friend Matrix  operator+ (Matrix & , Matrix & ); //友元重载"+"
    friend Matrix  operator- (Matrix & , Matrix & ); //友元重载"-"
    friend Matrix  operator* (Matrix & , Matrix & ); //友元重载"*"
    Matrix & operator= ( Matrix &mat );              //重载运算符"="
    Matrix & operator +=( Matrix &mat );             //重载运算符"+="
    void disp();
};

//②answer6_5_2.cpp
#include"answer6_5_2.h"
Matrix::Matrix()
{
     row = 0 ;
     col = 0 ;
     m = NULL ;
```

```
}
Matrix::Matrix(int r , int c , int *ma )
{
     row = r;
     col = c;
     m = new int [row * col] ;                  //申请动态空间存放矩阵的元素
     for(int i=0 ; i < row * col ; i++)         //初始化矩阵
        *(m+i) = *(ma+i) ;
}

Matrix::Matrix (const Matrix &mat)
{
    m = new int [mat.row*mat.col] ;
    row = mat.row;
    col = mat.col;
    for(int i = 0 ; i < row ; i++ )
       for(int j = 0; j < col ; j++ )
       {
          *(m + i * col + j) = *(mat.m + i * mat.col + j );
       }
 }
Matrix::~Matrix()
{
     delete []m ;
}
Matrix  operator+ ( Matrix &mat1 , Matrix &mat2 )
{
    Matrix mat( mat1 ) ;
    if( mat1.col != mat2.col || mat1.row != mat2.row )  //行列不等
       return mat;
    for(int i = 0; i < mat1.row ; i++ )
      for(int j = 0; j < mat1.col ; j++)
      {
       (*(mat.m + i * mat.col + j)) += (*(mat2.m + i * mat2.col + j)) ;
      }
    return mat;
}
Matrix  operator- (Matrix &mat1 , Matrix &mat2 )
{
    Matrix mat( mat1 ) ;
    if( mat1.col != mat2.col || mat1.row != mat2.row )  //行列不等
       return mat;
    for( int i = 0; i < mat1.row ; i++)
      for( int j = 0 ; j < mat1.col ; j++)
      {
        (*(mat.m + i * mat.col + j)) -= ( *(mat2.m + i*mat2.col + j )) ;
      }
    return mat;
}
Matrix  operator* (Matrix &mat1 , Matrix &mat2 )
{
    Matrix tmp;
    if( mat1.col != mat2.row )                          //列不等于行
       return mat1;
    tmp.m = new int[mat1.row  *mat2.col];
    tmp.row = mat1.row;
    tmp.col = mat2.col;
```

```
    for(int i = 0 ; i < tmp.row ; i++)
       for(int j=0 ; j < tmp.col ; j++)
       {   *(tmp.m + i*tmp.col + j) = 0;
           for( int k = 0; k < mat1.col ; k++ )
               *(tmp.m + i*tmp.col + j) = *(tmp.m + i*tmp.col + j)
         + *(mat1.m + i * mat1.col + k) * *(mat2.m + k * mat2.col + j ) ;
       }
    return tmp;
}
Matrix & Matrix::operator= ( Matrix &mat )
{
    delete [] m;
    m = new int[ mat.row * mat.col ] ;
    row = mat.row ;
    col = mat.col ;
    for(int i = 0; i < row ; i++ )
       for(int j = 0; j < col ; j++ )
       {
          *(m + i*col + j) = *(mat.m + i*mat.col + j) ;
       }
    return *this ;
}
Matrix & Matrix::operator+= ( Matrix &mat )
{
    if(col != mat.col || row != mat.row)          //行列不等
       return *this;
    for(int i = 0; i < row ; i++)
       for(int j = 0; j < col ; j++)
       {
          *(m + i * col + j) = *(m + i * col + j) +
                                  *(mat.m + i * mat.col + j ) ;
       }
    return *this;
}
void Matrix::disp()
{
    cout<< "\tMatrix element:" ;
    for(int i = 0; i < row ; i++)
    {
       cout << endl ;
       for(int j = 0; j < col; j++)
       {
          cout << '\t' << *(m + i * col + j ) ;
       }
    }
    cout << endl ;
}

//③answer6_5_2_main.cpp
#include"answer6_5_2.h"
int main()
{
    int  a[4*4]={1,2,3,4,5,6,7,8,9},
           b[4*4]={9,8,7,6,5,4,3,2,1};
    Matrix  am( 4 , 4 , a) , bm(4 , 4 , b) , cm ;
    cout << "\nMatrix  am" ;
    am.disp() ;
    cout << "\nMatrix  bm" ;
```

```
    bm.disp() ;
    cm = am;
    cout << "\nMatrix  cm=am" ;
    cm.disp() ;
    cm = bm - am ;
    cout<<"\nMatrix  cm=bm-am" ;
    cm.disp();
    cm = bm + am ;
    cout << "\nMatrix  cm=bm+am" ;
    cm.disp();
    cm = am * bm ;
    cout << "\nMatrix  cm=am*bm" ;
    cm.disp();
    bm += am ;
    cout << "\nMatrix  bm+=am" ;
    bm.disp();
    return 0;
}
```

【解析】在类 Matrix 矩阵中重载运算符加（+）、减（-）限制两个矩阵的行数、列数相等；重载运算符乘（*）必须限制一个矩阵的列数和另一个矩阵的行数相等；重载运算符加赋值（+=）没有限制条件。

此题中需要增加复制构造函数的定义，因为加（+）、减（-）、乘（*）等运算不应当改变形参对象的值，最终返回值是对象而不是一个引用，这样，必然会引起复制构造函数的调用，本类中有指针数据成员 m 且通过 m 申请了动态空间，这种情况下，为避免浅复制现象，一定要定义该函数。

对于矩阵运算符重载加（+）、减（-）和加赋值（+=），读者可以进一步考虑在两个矩阵的行数、列数不相等的情况下进行程序设计。

3. 设计一个基类 Shapes，包含成员 display()声明为纯虚函数。Shapes 类公有派生 Rectangle 类和 Circle 类，分别定义 display()实现其主要几何元素的显示。使用抽象类 Shapes 类型的指针，当它指向某个派生类的对象时，可以通过它访问该对象的虚成员函数 display()。

【参考答案】由以下 3 个文件组成。

```
//①answer6_5_3.h
#include <iostream>
using namespace std;
const double PI = 3.1415 ;
class Shape                                  //定义抽象基类 Shape
{
public:
   virtual void display () = 0;              //声明纯虚函数
};
class Rectangle: public Shape                //定义派生矩形类 Rectangle
{
public:
   Rectangle( double h , double w ) ;
   void display() ;                          //纯虚函数的实现代码
private:
   double hight , width ;
};
```

```
class Circle: public Shape                  //定义派生圆类 Circle
{
public:
    Circle( double r ) ;
    void display() ;                         //纯虚函数的实现代码
private:
    double radius ;
};

//②answer6_5_3.cpp
#include "answer6_5_3.h"
Rectangle::Rectangle( double h , double w ) : hight( h ) , width( w )
{  }
void Rectangle::display()                    //纯虚函数的实现代码
{
    cout << "\nShapes:Rectangle" ;
    cout << "\nHight:" << hight << "\tWidth:" << width ;
    cout << "\nArea:" << hight * width ;
    cout << "\n";
}
Circle::Circle( double r ) :radius ( r )
{  }
void Circle::display()                       //纯虚函数的实现代码
{
    cout << "\nRadius:" << radius ;
    cout << "\nArea:" << PI*radius*radius ;
    cout << "\n" ;
}

//③answer6_5_3_main.cpp
#include "answer6_5_3.h"
int main()
{
    Shape *ptr[2] ;                          //定义抽象类的指针数组
    ptr[0] = new Rectangle( 15 , 22 ) ;      //创建 Rectangle 类的对象
    ptr[1] = new Circle( 3.0 ) ;             //创建 Circle 类的对象
    ptr[0] -> display() ;                    //调用 Rectangle 类的 display()函数
    ptr[1] -> display() ;                    //调用 Circle 类的 display()函数
    return 0;
}
```

【解析】此题主要考查动态多态性及抽象类的概念，display()函数在抽象类中是纯虚函数，在抽象类的各派生子类中均应重新定义该函数，函数首部完全一致，主函数中通过定义抽象类的指针，派生类的动态对象结合来体现动态多态性。

4. 定义一个产品类 Product 表示某类电子产品，该类有两个私有属性的 int 类型的数据成员:level 和 price，分别表示该产品的等级和对应的定价，产品默认等级为 1，价格为 50，此后每增加一个等级，相应价格增加 50。

根据下列 main()函数的代码完成类的定义，定义构造函数及输出函数，并且用成员函数重载前置“++”，表示等级加 1，对应价格加 50；用友元函数重载单目运算符后置“--”，表示等级减 1，对应价格减 50，请写出完整的程序。主函数代码如下。

```
int main()
{
    Product obj1( 2 , 100 ) , obj2 (3 , 150 ) , obj3;
    obj1.print() ;
    obj2.print() ;
    obj3 = ++obj2 ;
    obj2.print() ;
    obj3.print() ;
    obj3 = obj1-- ;
    obj1.print() ;
    obj3.print() ;
    return 0 ;
}
```

【参考答案】

```
//answer6_5_4.cpp
#include <iostream>
using namespace std;
class Product
{
   int level ;
   int price ;
public:
   Product(int i = 1 , int j = 50)
   {
      level = i;
      price = j;
   }
   void print()
   {
      cout << "level=" << level << ",price=" << price << endl ;
   }
   Product operator++ () ;
   friend Product operator-- ( Product &a , int ) ;
};
Product Product::operator++ ()
{
    level += 1;
    price += 50;
    return *this;
}
Product operator-- ( Product &a , int)
{
    Product c( a ) ;
    a.level -= 1;
    a.price -= 50;
    return c;
}
int main()
{
    Product obj1( 2 , 100 ) , obj2 (3 , 150 ) , obj3;
    obj1.print() ;
    obj2.print() ;
    obj3 = ++obj2 ;
    obj2.print() ;
    obj3.print() ;
    obj3 = obj1-- ;
    obj1.print() ;
    obj3.print() ;
    return 0 ;
}
```

【解析】本题主要考查用运算符的重载实现静态多态性。根据题干的描述，很容易就定义出类的成员变量和构造函数，根据自增和自减规则的描述以及重载的方式要求，也不难给出对应的实现代码。本例中不需要对赋值运算符重载，用系统默认的就可以了。根据主函数代码中有 print 函数，自行定义，能显示两个成员变量的值就可以了。

第 7 章　模板

一、单选题

1. 假设定义如下函数模板。

```
template <class T>
T max(T x, T y)
{
    return(x>y)?x:y;
}
```

并有定义“int i; char c;”，则错误的调用语句是________。

A. max(i, i) ;　　B. max(c, c) ;　　C. max((int)c, i);　　D. max(i, c) ;

【参考答案】D

【解析】选项 D 中的参数类型不统一。

2. 模板的使用是为了________。

A. 提高代码的可重用性　　B. 提高代码的运行效率

C. 加强类的封装性　　D. 实现多态性

【参考答案】A

【解析】使用模板的目的是避免相同代码段的重复书写，所以是为了提高代码的可重用性。其他选项均错误。

3. 假设定义如下函数模板。

```
template < class T1, class T2 >
void sum(T1 x, T2 y)
{
    cout << sizeof( x+y );
}
```

函数调用"sum('1', 99.0)"的输出结果是________。

A. 100　　B. 1　　C. 8　　D. 4

【参考答案】C

【解析】“99.0”为 double 类型，故 x+y 表达式的结果为 double 型，会在内存中分配 8 字节的空间。

二、问答题

1. 什么是类模板？什么是模板类？

【参考答案】一个类模板如同函数模板一样，就是实现数据类型参数化的类定义，得到一个类族。在需要定义对象时，首先用具体的类型将类模板中的类型参数实例化得到一个具体的类，这就是模板类，再由模板类定义对象。类模板与模板类之间是抽象与具体的关系，类模板是诸多拥有相同数据成员和成员函数的类在类型上加以抽象得到的类族；而模板类是类模板中的类型参数实例化以后得到的一个具体的类。

2. 定义了类模板后，能否以该类为基类派生新的类？

【参考答案】 定义了类模板后，可以以该类为基类派生新的类。因为，继承模板类跟继承普通类没有任何区别，此时以下列形式派生新类。

```
class 派生类名: public 类模板<实际类型列表>
```

在这里，类模板<实际类型列表>已经是一个具体的基类了。

三、读程序写结果

1. 写出下面程序的运行结果。

```
//answer7_3_1.cpp
#include<iostream>
using namespace std;
template<class T>                          //模板声明，类型参数 T
T abs( T x )                               //定义函数模板
{
   return x<0?-x:x;
}
int main()
{
   int n = -5;
   double d = -5.5;
   cout << abs(n) << endl;                 //生成模板函数，实例类型 int
   cout << abs(d) << endl;                 //生成模板函数，实例类型 double
   return 0 ;
}
```

【参考答案】

```
5
5.5
```

2. 写出下面程序的运行结果。

```
//answer7_3_2.cpp
#include<iostream>
using namespace std;
template <class  T>
void s( T &x, T &y )
{
   T z;
   z=y;
   y=x;
   x=z;
}
int main()
{
   int m=1, n=8;
   double u=-5.5, v=99.3;
   cout << "m=" << m << " n=" << n << endl;
   cout << "u=" << u << " v=" << v << endl;
   s( m, n );                        //整型
```

```
    s( u, v );                          //双精度型
    cout << "m与n, u与v交换以后: " << endl;
    cout << "m=" << m << " n=" << n << endl;
    cout << "u=" << u << " v=" << v << endl;
    return 0 ;
}
```

【参考答案】

```
m=1 n=8
u=-5.5 v=99.3
m与n, u与v交换以后:
m=8 n=1
u=99.3 v=-5.5
```

3. 写出下面程序的运行结果。

```
// answer7_3_3.cpp
#include <iostream>
#include <cstdlib>
using namespace std;

struct student
{
    int id, score;
};
template <class T>
class buffer
{
private:
    T  a;
    int empty;
public:
    buffer();
    T get();
    void put( T x );
};
template <class T>
buffer <T>::buffer():empty(0)
{   }
template <class  T>
T buffer <T>::get()
{
    if ( empty == 0 )
    {
        cout << "the buffer is empty!" << endl;
        exit(1);
    }
    return a;
}
template <class  T>
void buffer <T> :: put(T  x)
{
    empty++;
    a = x;
}
int main()
{   student s = {1022, 78};
    buffer <int> i1, i2;
    buffer <student> stu1;
    buffer <double> d;
```

```
    i1.put(13);
    i2.put(-101);
    cout << i1.get() << " " << i2.get() << endl;
    stu1.put(s);
    cout << "the student's id is " << stu1.get().id << endl;
    cout << "the student's score is " << stu1.get().score << endl;
    cout << d.get() << endl;
    return 0;
}
```

【参考答案】

```
13 -101
the student's id is 1022
the student's score is 78
the buffer is empty!
```

四、编程题

1. 用函数模板实现在数组 list 中查找关键字 key，若找到，返回对应元素下标，否则返回-1。

```
//answer7_4_1.cpp
template <class T>
int SeqSearch(T list[], int n, T key)
{
    for(int i=0;i < n;i++)
    if (list[i] == key)
        return i;
    return -1;
}
```

2. 试使用函数模板实现 swap（&x，&y）交换两个实参变量 a 和 b 的值。

```
//answer7_4_2.cpp
template <class T>
void swap (T &x, T &y)
{
   T temp;
   temp = x;
   x = y;
   y = temp;
}
```

3. 编写一函数模板，用直接插入排序法对数组 A 中的元素进行升序排列。

【参考答案】

```
//answer7_4_3.cpp
template <class T>
void InsertionSort(T A[ ], int n)
{
    int i, j;
    T temp;                         //将下标为 1 ~ n-1 的元素逐个插入到
                                    //已排序序列中适当的位置
    for ( i=1 ; i<n ; i++ )         //从 A[i-1]开始向 A[0]方向扫描各元素，寻
    {                               //找适当位置插入 A[i]
        j = i;
        temp = A[i];
        while ( j>0 && temp<A[j-1] )
        {                           //逐个比较，直到 temp>=A[j-1]时，j 便是应插入的位置
                                    //若达到 j==0，则 0 是应插入的位置
```

```
            A[j] = A[j-1];     //将元素逐个后移，以便找到插入位置时可立即插入
            j--;
        }
        A[j] = temp;           //插入位置已找到，立即插入
        }
}
```

4. 编写一个函数模板，实现用起泡法对数组 A 的 n 个元素进行排序操作。

【参考答案】

```
//answer7_4_4.cpp
template <class T>
void BubbleSort( T A[], int n )
{
    int i,j;
    int lastExchangeIndex;          //用于记录每趟被交换的最后一对元素中较小的下标
    T Temp;
    i = n - 1;                      //i 是下一趟需参与排序交换的元素之最大下标
    while ( i > 0 )                 //排序直到最后一趟排序没有交换发生，或已达 n-1 趟
    {
            lastExchangeIndex = 0;//每一趟开始时，设置交换标志为 0（未交换）
            for ( j=0; j<i; j++ ) //每一趟对元素 A[0]…A[i]进行比较和交换
                if (A[j+1] < A[j])
                {
                    Temp = A[j];
                    A[j] = A[j+1];
                    A[j+1] = Temp;
                    lastExchangeIndex = j;
                }
            i = lastExchangeIndex;
                                    //将 i 设置为本趟最后一对交换的元素中较小的下标
    }
}
```

5. 编写一个复数类模板 Complex，其数据成员 real 和 image 的类型未知，定义相应的成员函数，实现构造、输出、加、减等功能，在主函数中定义模板类对象，分别以 int 和 double 实例化类型参数，实现复数中的相关操作。

```
//answer7_4_5.cpp
#include <iostream>
using namespace std;
template <class T>
class Complex
{
    private:
    T real;
    T imag;
    public:
    Complex( T r=0, T i=0 )
    {
      real = r;
      imag = i;
    }
    Complex operator - ( const Complex &a );
    template <class T>
    friend Complex operator + ( const Complex &a, const Complex &b );
    template <class T>
    friend ostream & operator<<( ostream & out, const Complex &a );
};
```

```
template <class T>
ostream & operator<<( ostream & out, const Complex<T> &a )
{
    out << a.real;
    if( a.imag != 0 )
    {
        if( a.imag > 0 )
            out << " + " ;
        out << a.imag << "i" ;
    }
    out << endl;
    return out;
}
template <class T>
Complex<T> operator+ ( const Complex<T> &a, const Complex<T> &b )
{
    Complex<T> temp;
    temp.real = a.real + b.real;
    temp.imag = a.imag + b.imag;
    return temp;
}
template <class T>
Complex<T> Complex<T>::operator - ( const Complex<T> &a )
{
    Complex<T> temp;
    temp.real = real - a.real;
    temp.imag = imag - a.imag;
    return temp;
}
int main()
{
    Complex<double> c1(1.5, 2.5), c2(5.2, 10.3), c3;
    cout << "original c1 is:  " << c1;
    cout << "original c2 is:  " << c2;
    c3 = c1 + c2;
    cout << "c3 = c1 + c2  is:  " << c3;
    c3 = c1 - c2;
    cout << "c3 = c1 - c2  is:  " << c3 << endl;
    Complex<int> c4(5, 2), c5(2, 10), c6;
    cout << "original c4 is:  " << c4;
    cout << "original c5 is:  " << c5;
    c6 = c4 + c5;
    cout << "c6 = c4 + c5  is:  " << c6;
    c6 = c4 - c5;
    cout << "c6 = c4 - c5  is:  " << c6;
    return 0;
}
```

第 8 章　C++文件及输入/输出控制

一、单选题

1. 在 C++语言程序中进行文件操作时应包含标准名字空间 std 中的________文件。

   A. fstream　　B. iomanip　　C. string　　D. iostream

【参考答案】A

【解析】C++语言中执行文件输入/输出的操作，需要在程序中包含头文件名字空间 std 的文件 fstream。

2. 当用 ifstream 流类对象打开文件时，其默认打开方式是________。

A. ios::app　　B. ios::in　　C. ios::out　　D. ios::ate

【参考答案】B

【解析】打开文件时，文件的使用方式必须取下面其中一个。

```
ios::app          //表示使输出追加到文件尾部
ios::ate          //表示寻找文件尾
ios::in           //表示文件可以输入
ios::nocreate     //表示若文件不存在，则 open()函数失败
ios::noreplace    //表示若文件存在，则 open()函数失败
ios::out          //表示文件可以输出
ios::trunc        //使同名文件被删除
ios::binary       //表示文件以二进制方式打开，缺省时为文本文件
```

对于 ifstream 流，缺省值为 ios::in；对于 ofstream 流，缺省值为 ios::out。

3. 在 ios 类中提供的控制格式的标志位中，八进制形式的标志位是________。

A. showbase　　B. dec　　C. oct　　D. hex

【参考答案】C

【解析】dec、oct、hex 分别是十进制、八进制、十六进制形式的标志位，而 showbase 表示输出的数值数据前面带有基数符号。

4. 在下列读写函数中，进行写操作的函数是________。

A. getline()　　B. read()　　C. put()　　D. get()

【参考答案】C

【解析】C++语言中，getline()、read()和 get()都是用来实现读操作的函数，只有 put()是实现写操作的函数。

5. 已知 in 为 ifstream 流类的对象，并打开了一个文件，下列能表示将 in 流对象的读指针移到距离当前位置后 100 个字节处的语句是________。

A. in.seekg(100,ios::beg);　　B. in.seekg(100,ios::cur);

C. in.seekg(100,ios::end);　　D. in.seekg(-100,ios::cur);

【参考答案】B

【解析】随机移动文件的指针

```
istream & istream::seekg(long, seek_dir);
```

表示在输入流中移动文件读指针，按 long 参数规定的偏移量，正数表示向后移，负数表示向前移。seek_dir 提供移动的起始位置。seek_dir 是一个枚举类型，具体定义如下。

```
enum seek_dir {beg, cur,end};
```

- beg：相对于文件的开始位置。
- cur：相对于文件指针的当前位置。
- end：相对于文件的结束位置。

二、填空题

1. 使用操纵符控制格式，可以将数据分别用控制符________转换基数为十六进制形式，________转换基数为十进制形式，________转换基数为八进制形式。

【参考答案】hex、dec、oct

【解析】dec、oct、hex 分别是十进制、八进制、十六进制形式的标志位。

2. 在输入/输出流类文件 iostream 中定义的流对象 cin 和 cout，用 cin 代表________设备，cout 代表________设备。

【参考答案】输入、输出

【解析】C++语言中输入/输出操作一般用 cin 和 cout 实现。预定义输入流 cin 代表标准输入设备键盘，预定义输出流 cout 代表标准输出设备显示器。此外，预定义 cerr 和 clog 代表输出错误信息的标准输出设备是显示器。

3. 文件输入/输出中建立流类的对象后，使某一文件与对象相联系的方法有________和________。

【参考答案】使用 fstream 流类的成员函数 open()函数、fstream 流类的构造函数

【解析】类 ifstream、ofstream 以及 fstream 的对象，与某一文件相联系的成员函数方法："流类对象. open(文件名，使用方式，访问方式);"。

类 ifstream、ofstream 以及 fstream 的构造函数与函数 open 的类似。实际编程时打开一个文件的最常见的形式如"文件流类名　流对象名(文件名);"。

4. 在 C++语言中进行文件操作的一般步骤包含________、________、________和________。

【参考答案】建立流类的对象、对象与某一文件流相联系、文件的读/写操作、文件关闭

【解析】C++语言中执行文件输入/输出的具体步骤如下。

（1）确保程序中包含名字空间 std 的文件 fstream。

（2）建立流类的对象，如下所示。

```
ifstream  in;
ofstream  out;
fstream  io;
```

分别定义了输入流对象 in、输出流对象 out 和输入/输出流对象 io。

（3）使用 open()函数打开文件，也就是使某一文件与上面的某一流相联系。

（4）进行文件的读/写操作。

（5）使用 close()函数将打开的文件关闭，切断流与文件之间的联系。

三、问答题

1. 什么是流？C++语言中用什么方法实现数据的输入/输出？

【参考答案】C++语言把数据之间的传输操作称作流。

在 C++语言中，数据的输入/输出（简写为 I/O）通过一组标准 I/O 函数和 I/O 流来实

现。数据的输入/输出有以下三种方式。

（1）对标准输入设备键盘和标准输出设备显示器的输入/输出，简称为标准I/O。

（2）对在外存磁盘上文件的输入/输出，简称为文件I/O。

（3）对内存中指定的字符串存储空间的输入/输出，简称为串I/O。

【解析】C++语言的I/O操作通过一组标准I/O函数和I/O流来实现。C++语言的标准I/O函数从C语言继承而来，同时对C语言的标准I/O函数进行了扩充。C++语言的I/O流不仅拥有标准I/O函数的功能，而且比标准I/O函数功能更强、更方便、更可靠。

2. C++语言的I/O流类库由哪些类组成？其继承关系如何？

【参考答案】C++语言的I/O流类库含有两个平行基类，即streambuf和ios，所有的流类都可以由它们派生出来，流类形成的层次结构就构成了流类库。

streambuf类可以派生出3个类，即filebuf类、strstreambuf类和conbuf类，它们都是属于流类库中的类。

ios类有4个直接派生类，即输入流（istream）、输出流（ostream）、文件流（fstreambase）和串流（strstreambase），这4种流作为流类库中的基本流类。以它们为基础，组合出多种实用的流，它们是输入/输出流（iostream）、输入/输出文件流（fstream）、输入/输出串流（strstream）、屏幕输出流（constream）、输入文件流（ifstream）、输出文件流（ofstream）、输入串流（istrstream）和输出串流（ostrstream）等。

3. 在C++语言中进行格式化输入/输出的方法有哪几种？它们是如何实现的？

【参考答案】C++语言提供了两种进行格式控制的方法：一种是使用ios类中的有关格式控制的成员函数；另一种是使用操纵符控制格式。

ios类中通过成员函数对输入/输出进行格式控制，进行控制主要是通过对状态标志、域宽、填充字符以及输出精度的操作来完成。

操作符控制格式。操作符以一个流引用作为其参数，并返回同一流的引用，因此，它可嵌入到输入或输出操作的链中。

四、读程序写结果

1. 写出下面程序各行的运行结果。

```
//answer8_4_1.cpp
#include <iostream>
#include <iomanip>
using namespace std;
int main()
{
    int a = 5, b = 7, c = -1 ;
    float x = 67.8564f, y = -789.124f ;
    char ch = 'A' ;
    long n = 1234567 ;
    unsigned u = 65535 ;
    cout << a << b << endl;
    cout << setw(3) << a << setw(3) << b <<"\n";
    cout << x << "," << y << endl;
    cout << setw(10) << x << "," << setw(10)<< y << endl;
    cout << setprecision(2);
```

```
    cout << setw(8) << x << "," << setw(8 ) << y;
    cout << setprecision(4);
    cout << x << "," << y;
    cout << setprecision(1);
    cout << setw(3) << x << "," << setw(3) << y << endl;
    cout << "%%" << x << "," << setprecision(2);
    cout << setw(10) << y << endl;
    cout << ch<< dec << "," << ch;
    cout << oct << ch << "," << hex << ch << dec << endl;
    cout << n<< oct << "," << n << hex << "," << n << endl;
    cout << dec << u << "," << oct << u << "," << hex;
    cout << u << dec << "," << u << endl;
    cout << "COMPUTER" << "," << "COMPUTER" << endl;
    return 0 ;
}
```

【参考答案】

```
57
  5  7
67.8564,-789.124
   67.8564,  -789.124
      68,-7.9e+00267.86,-789.17e+001,-8e+002
%%7e+001, -7.9e+002
A,AA,A
1234567,4553207,12d687
65535,177777,ffff,65535
COMPUTER,COMPUTER
```

2. 写出下面程序的运行结果。

```
//answer8_4_2.cpp
#include <iostream>
#include <iomanip>
using namespace std ;
class three_d
{
    int x , y , z ;
public:
    three_d(int a,int b,int c): x( a ) , y( b ) , z( c )  { }
    friend ostream & operator<< ( ostream & , three_d &ob ) ;
};
ostream & operator<<( ostream &out , three_d &ob )
{
    out << "  x=  " << setw(4) << ob.x ;
    out << "  y=  " << setw(4) << ob.y ;
    out << "  z=  " << setw(4) << ob.z << endl;
    return out;
}
int main()
{
    three_d ob1(3,6,9) , ob2(5,55,555) ; //创建对象 ob1,ob2
    cout << ob1 ;                        //用重载运算符"<<"输出对象的数据成员
    cout << ob2 ;
    return 0;
}
```

【参考答案】

```
  x=     3  y=     6  z=     9
  x=     5  y=    55  z=   555
```

3. 下面程序执行后，myfile 文件中的内容是什么？

```
//answer8_4_3.cpp
#include <fstream>
using namespace std ;
int main()
{
    ofstream fc( "d:\\myfile.txt" );
    fc << "Constructs an ofstream object.\n"
      << "All ofstream constructors construct a filebuf object. \n";
    fc << 23 << '*' << 4 << '=' << 23*4 <<endl;
    fc << "file complete!\n" ;
    return 0;
}
```

【参考答案】

```
Constructs an ofstream object.
All ofstream constructors construct a filebuf object.
23*4=92
file complete!
```

五、编程题

1. 编写程序：从键盘上输入一个十六进制数，分别以八进制、十进制、十六进制形式输出，格式如下。

```
    Octal          Decimal          Hex
    xxx             xxx            xxx
```

【参考答案】

```
//answer8_5_1.cpp
#include <iostream>
#include <iomanip>
using namespace std ;
int main()
{
    int x;
    cout << "input Hex data:\t" ;
    cin >> hex >> x ;
    cout << "Decimal\tOctal\tHex\n" ;
    cout << dec << x << '\t' ;
    cout << oct << x <<'\t' ;
    cout << hex << x << '\n';
    return 0 ;
}
```

【解析】C++语言中使用的操作符，在使用时一定要包含标准名字空间 std 中的头文件“iomanip”，用操作符对状态标志进行操作。

2. 以八进制形式从键盘输入一个数，以十六进制形式输出，十六进制数中的字母要大写。

【参考答案】

```
//answer8_5_2.cpp
#include <iostream>
#include <iomanip>
using namespace std;
int main()
{
```

```
    int  x;
    cout << "input Octal data: " ;
    cin >> oct >> x ;
    cout << "hex data is: " << hex << uppercase << x <<endl;
    return 0;
}
```

3. 设有如下的类定义。

```
#include <iostream>
#include <string>
using namespace std;
class Person
{
private:
    string name ;
    int id ;
public:
    friend istream& operator >> (istream& is, Person& pe);
    friend  ostream& operator << (ostream& os, const Person& pe);
};
```

根据上面的类，将程序补充完整，实现以下功能。

（1）重载运算符“>>”和“<<”实现输入、输出一个对象。

（2）定义函数 createFile 创建一个文本文件 person.txt，将 n 个 Person 对象写入文件。

（3）定义函数 readFile 再将文本文件 person.txt 中的信息读出显示在屏幕上。

（4）在主函数中定义类的对象数组，含 4 个元素，从键盘读入 4 个元素然后屏幕输出。接着调用 createFile 创建文件，最后调用 readFile 读取文件，再次输出的是从文件中读出的内容，两次输出结果应该完全一样。

【参考答案】

```
//answer8_5_3.cpp
#include <fstream>
#include <iostream>
#include <string>
using namespace std;
class Person
{
private:
    string name ;
    int id ;
public:
    friend istream& operator >> (istream& is, Person& pe);
    friend  ostream& operator << (ostream& os, const Person& pe);
};
istream& operator >> (istream& is, Person& pe)
{
    is >> pe.name >> pe.id ;
    return is;
}
ostream& operator << (ostream& os , const Person& pe)
{
    os << pe.name << "   " << pe.id << endl ;
    return os;
}
void printAll ( Person *pe , int n)
{
    int i;
```

```
    for ( i = 0 ; i < n ; i++ )
        cout << pe [i] ;
}
void createFile ( Person *pe , int n)
{
    ofstream outf ( "d:\\person.txt" );
    if ( !outf )
    {
        cout << "File open error!\n";
        return ;
    }
    for (int i = 0 ; i < n ; i++ )
        outf << pe[i] ;
    outf.close ();
}

void readFile ( Person *pe , int n)
{
    ifstream inf ( "d:\\person.txt" );
    if ( !inf )
    {
        cout << "File open error!\n";
        return ;
    }
    for (int i = 0 ; i < n ; i++ )
        inf >> pe[i] ;
    inf.close ();
}
int main()
{
    Person p1[4] , p2[4] ;
    int i;
    for (i = 0; i<4 ; i++ )
        cin >> p1[i];
    cout << "data read from keyboard are : \n" ;
    printAll ( p1 , 4 );
    createFile ( p1 , 4 );
    readFile ( p2 , 4 );
    cout << "data read from binary file are : \n" ;
    printAll ( p2 , 4 );
    return 0;
}
```

4. 编写程序：定义文件流对象，将当前 C++源程序文件作为读入文件，区分其中的字母和其他字符，分别写入两个文件；再分别将分类文件中的信息读出显示在屏幕上。

【参考答案】

```
//answer8_5_4.cpp
#include <iostream>
#include <fstream>
using namespace std;
void create(string fname1 , string fname2)   //两个结果文件名调用时提供
{
    ifstream myin("answer8_5_4.cpp");          //当前源程序文件作为源文件
    ofstream myout1 ( fname1 ) ;
    ofstream myout2 ( fname2 ) ;
    char ch;
    while( !myin.eof() )
    {
```

```
        myin >> ch ;
        if( ch <= 'z' && ch >= 'a' ||ch <= 'Z' && ch >= 'A' )
            myout1 << ch;
        else
            myout2 << ch;
    }
    myin.close();
    myout1.close();
    myout2.close();
    return ;
}
void readout(string fname)
{
    ifstream myin ( fname );
    char ch;
    while( !myin.eof() )
    {
        myin >> ch ;
        cout << ch ;
    }
    cout << endl;
    myin.close();
    return ;
}
int main()
{
    create( "d:\\字母.txt" , "d:\\其他.txt" ) ;
    cout << "字母文件的内容如下:\n" ;
    readout( "d:\\字母.txt" ) ;
    cout << "其他内容构成的文件的内容如下:\n" ;
    readout("d:\\其他.txt");
    return 0;
}
```

【解析】此程序用两个函数分别实现建立两个文件及文本文件内容原样显示。在 create()函数中需要定义一个 ifstream 流对象，对应打开原始的 C++源程序文件，定义两个 ofstream 流对象，对应打开两个分别存放字母和其他字符的目标文件。对源文件打开之后逐个处理单个字符，根据源数据文件中字符分类分别写入不同的文件中；readout()函数为一个通用函数，用于原样输出文本文件的内容，所以两个文件的显示均可以调用此函数。

第三部分 补充习题与解答

第 1 章　面向对象程序设计及 C++语言概述

一、判断题

1. C++语言和 C 语言都是面向对象的程序设计语言。（　　）
2. 面向对象方法具有封装性、继承性和多态性。（　　）
3. C 语言是 C++语言的一个子集，C++语言继承、扩展和改进了 C 语言。（　　）
4. C++语言支持封装性和多态性，不支持继承性。（　　）
5. 面向过程的程序设计以功能为中心，而面向对象的程序设计以数据为中心。（　　）
6. 同一个问题的求解，用面向对象的方法一定优于用面向过程的方法。（　　）
7. Smalltalk-80 被认为是面向对象程序设计语言的鼻祖。（　　）
8. C++语言源程序和 C 语言源程序一样，都表现为由一系列函数组成。（　　）
9. 编译 C++源程序时，出现了警告（Warning）也可以生成可执行文件。（　　）
10. 开发 C++程序也要经过编辑、编译链接和运行这几个步骤。（　　）

二、问答题

1. C++语言有何特点？
2. 什么是结构化程序设计方法？这种方法有哪些优点和缺点？
3. 面向对象程序设计有哪些重要特点？
4. 面向对象与面向过程的程序设计有哪些不同点？
5. 什么是面向对象方法的封装性？它有何特点？
6. 面向对象程序设计为什么要有继承机制？
7. 什么是面向对象程序设计中的多态性？
8. 模拟一图书管理系统，对图书、读者、管理人员抽象出相应的静态属性和动态行为。

【本章参考答案】

一、判断题

题号	1	2	3	4	5	6	7	8	9	10
答案	×	√	√	×	√	×	×	×	√	√

二、问答题

1. 答：C++语言主要特点如下。

（1）C++是 C 语言的超集，继承了 C 语言的代码质量高、运行速度快、可移植性好等特点。

（2）C++是一种强类型的语言，这使得开发人员在编译阶段就能发现 C++程序的潜在错误。

（3）C++的表达能力由于多继承性、丰富的运算符及运算符重载机制而远远强于其他面向对象的语言。

（4）C++通过函数模板和类模板提供了更高级别的抽象能力，从而进一步提高了 C++的表达效率。

（5）C++提供了面向对象的异常处理机制，从而使程序更加易于理解和维护，并为局部对象提供了自动析构等有效手段，从而可避免因局部对象未析构而造成的资源泄露（包括内存泄露）。

（6）C++的名字空间解决了不同机构的软件模块的标识符同名冲突问题，从而为大型软件的开发和软件容错提供了有效手段。

（7）在对象的内存管理方面，C++提供了自动回收和人工回收两种方式。这是开发高效率的系统软件所必需的，但另一方面却容易出错且难于掌握。

（8）C++程序是由类、变量和模块混合构成，不像 Java 语言那样完全由类构成。

2. 答：结构化程序设计方法是指 20 世纪 60 年代开始出现的高级语言程序设计方法，由于采用了数据结构化、语句结构化、数据抽象和过程抽象等概念，使程序设计在符合客观事物与逻辑的基础上更进了一步。结构化程序设计的思路是自顶向下、逐步求精。程序结构由具有一定功能的若干独立的基本模块（单元）组成，各模块之间形成一个树状结构，模块之间的关系比较简单，其功能相对独立，模块化通过子程序的方式实现。结构化程序设计方法使高级语言程序设计开始变得普及，并促进了计算机技术的深入应用。

虽然结构化程序设计方法采用了功能抽象、模块分解与组合，以及自顶向下、逐步求精的方法，能有效地将各种复杂的任务分解为一系列相对容易实现的子任务，有利于软件开发和维护；但与面向对象程序设计方法相比，结构化程序设计存在的主要问题是，程序的数据和对数据的操作相互分离，若数据结构改变，程序的大部分甚至所有相关的处理过程都要进行修改。因此，用于开发大型程序具有一定的难度，软件的可重用性差，维护工作量大。

3. 答：面向对象程序设计与以往各种程序设计方法的根本区别在于程序设计思维方法的不同。它主要具有如下重要特点。

（1）面向对象程序设计实现了较直接地描述客观世界中存在的事物（即对象）及事物之间的相互关系，它所强调的基本原则是直接面对客观事物本身进行抽象，并在此基础上进行软件开发，将人类的思维方式与表达方式直接应用在软件设计中。

（2）面向对象的程序设计将客观事物看作具有属性和行为的对象，通过对客观事物进行抽象来寻找同一类对象的共同属性（静态特征）和行为（动态特征），并在此基础上形成类。

（3）面向对象的程序设计将数据和对数据的操作封装在一起，提高了数据的安全性和隐蔽性。

（4）面向对象的程序设计通过类的继承与派生机制以及多态性，提高了软件代码的可重用性，因而大大缩减了软件开发的相关费用及软件开发周期，并有效地提高了软件产品的质量。

（5）面向对象程序设计的抽象性和封装性，使对象以外的事物不能随意获取对象的内部属性，有效地避免了外部错误对内部所产生的影响，减轻了软件开发过程中查错的工作量，减小了排错的难度。

（6）面向对象程序设计较直观地反映了客观世界的真实情况，使软件设计人员能够将人类认识事物规律所采用的一般思维方法移植到软件设计中。

4. 答：面向过程的程序设计方法是以程序实现的功能为中心，将客观事物中本质上密切相关、相互依赖的数据和对数据的操作相互分离，这种实质上的依赖与形式上的分离使得大型程序既难以编写，也难以调试、修改和维护，代码的可重用性和共享性差。

而面向对象程序设计方法是一种以程序操作的数据为中心，以对象为基础，以事件或消息来驱动对象执行相应处理的程序设计方法。它将数据及对数据的操作封装在一起，作为一个相互依存、不可分离的整体——对象；它采用数据抽象和信息隐蔽技术，将这个整体抽象成一种新的数据类型——类。类中的大多数数据，只能通过本类方法进行操作和处理。面向对象程序设计以数据为中心而不是以功能为中心来描述系统，因而非常适合于大型应用程序与系统程序的开发。

在程序结构上，面向对象程序与面向过程程序也有很大的不同。面向过程的程序主要由顺序结构、选择结构和循环结构组成，程序的基本单位是函数，程序的执行顺序也是确定的。而面向对象程序由类的定义和类的使用两部分组成，程序的基本单位是类，在主程序内定义对象，并确定对象之间消息的传递规律，程序中的所有操作都是通过向对象发送消息来实现的，对象接到消息后，通过消息处理函数完成相应的操作。

5. 答：封装性指将对象的属性和行为代码封装在对象的内部，形成一个独立的单位，并尽可能隐蔽对象的内部细节。封装性是面向对象方法的一个重要原则，C++面向对象方法的封装性包含以下两层含义。

第1层含义是将对象的全部属性和行为封装在对象内部，形成一个不可分割的独立单位。对象的属性值（公有属性值除外）只能由这个对象的行为来读取和修改。

第 2 层含义是“信息隐蔽”，即尽可能隐蔽对象的内部细节，对外形成一道屏障，只保留有限的对外接口与外部发生联系。

面向对象方法的封装性具有以下特点。

（1）封装性使对象以外的事物不能随意获取对象的内部属性，有效地避免了外部错误对它产生的影响，大大减轻了软件开发过程中查错的工作量，减小了排错的难度。

（2）封装性使得当程序需要修改对象内部的数据时，减少了因为内部修改对外部的影响。

（3）封装性使对象的使用者与设计者可以分开，使用者不必知道对象行为实现的细节，而只使用设计者提供的外部接口即可。

（4）封装性事实上隐蔽了程序设计的复杂性，提高了代码重用性，降低了软件开发的难度。

（5）面向对象程序设计方法的信息隐蔽作用体现了自然界中事物的相对独立性，程序设计者与使用者只需关心其对外提供的接口，而不必过分注意其内部细节，即主要关注能做什么，如何提供这些服务等。

6. 答：在面向对象程序设计中，根据既有类（父类）派生出新类（子类）的现象称为类的继承机制，亦称为继承性。

面向对象方法的继承性是联结类与类的一种层次模型。继承是面向对象程序设计能够提高软件开发效率的重要原因之一。继承意味着派生类中无须重新定义在父类中已经定义的属性和行为，而是自动地、隐含地拥有其父类的全部属性与行为。继承机制允许和鼓励类的重用，派生类既具有自己新定义的属性和行为，又具有继承下来的属性和行为。当派生类又被它更下层的子类继承时，它继承的及自身定义的属性和行为又被下一级子类继承下去。继承是可以传递的，符合自然界中特殊与一般的关系。继承性具有重要的实际意义，它简化了人们对事物的认识和描述。

面向对象程序设计中的继承性是对客观世界的直接反映。通过类的继承，能够实现对问题的深入抽象描述，反映人类认识问题的发展过程。

7. 答：面向对象程序设计的多态性指父类中定义的属性或行为，被派生类继承之后，可以具有不同的数据类型或表现出不同的行为特性。如类中的同名函数可以对应多个具有相似功能的不同函数，可使用相同的调用方式来调用这些具有不同功能的同名函数。

多态性使得同一个属性或行为（如函数）在父类及其各派生类中具有不同的语义。面向对象的多态性使软件开发更科学、更方便和更符合人类的思维习惯，能有效地提高软件开发效率，缩短开发周期，提高软件可靠性，使所开发的软件更健壮。

8. 答：针对图书、读者、管理人员的共性分析，所涉及的静态属性和动态行为可以有如下形式。

（1）图书：静态属性包括图书条码、书名、作者、出版社、出版日期、数量和借出标识等。动态行为包括购买、借出、归还、撤架、获取图书信息、修改图书信息等。

（2）读者：静态属性包括读者条码、姓名、学号、密码、最多借书数和停借标识等。动态行为包括借书、还书、预约、查询图书信息、查询借阅情况、修改自己密码等。

（3）管理人员：静态属性包括管理人员ID、姓名、密码、图书对象和读者对象。动态行为包括修改自己密码、管理读者、管理图书等。

第2章　C++对C的改进及扩展

一、判断题

1. C++语言是从C语言发展来的，因此与C语言一样是一种面向过程的语言。（　　）

2. C++中支持两种源程序的注释方式，即/*…*/方式和//开头的单行注释方式。（　　）

3. 引用参数与值形参一样，对应的实参可以是常量、变量、表达式。（　　）

4. 引用与指针作参数都可以改变对应实参的值，因此在作形参时都需要临时分配内存空间以接受实参的信息。（　　）

5. 若用new[]申请了动态空间，则应该用delete[]释放空间，否则会产生内存垃圾。（　　）

6. C++的try-catch块用于检测捕获并处理异常，try块和catch块可以有一个或多个。（　　）

7. C++中新增加了一种形如函数调用的强制类型转换方式，例如：将2.345转换成int型的值在C++中可以用int(2.345)表示。（　　）

8. 在C++语言中，通过在同名变量前加上域解析符“::”对被隐藏的同名全局变量进行访问。这种方式扩大了同名全局变量的作用域，使全局变量真正具有了全局作用范围。（　　）

9. C++语言函数的形参可以带有默认值，因此调用时不能再提供实参。（　　）

二、单选题

1. 下列关于运算符“<<”在C++中的说法错误的是________。

   A. 用于输出的插入符　　B. 左移位运算符

   C. 该运算符右边可以是表达式　　D. 该运算符右边只能是变量

2. 下面语句错误的是________。

   A.
   ```
   int n=5;
   int *arr=new  int [n];
   ```
   B.
   ```
   const int n=5;
   int arr[n];
   ```
   C.
   ```
   #define  n  5
   int arr[n] ;
   ```
   D.
   ```
   #define  n=5;
   int arr[n];
   ```

3. 设有带默认值的函数原型声明“void f(int x,int y=4,int z=5);”，以下几种调用中错误的是________。

A. f(10,20,30); B. f(10,20); C. f(); D. f(10);

4. 使用“f(10);”调用以下各对重载函数时，发生二义性的是________。

A. void f(int X); 和 void f(double X);

B. void f(int X); 和 void f(int X,char *s="example");

C. void f(int X); 和 void f(int X,int Y);

D. void f(int X); 和 void f(int X, double Y);

5. 设有语句“void f(int a[10],int &x);int y[10],*py=y,n;”，则对函数 f()的正确调用语句是________。

A. f(py[10],n); B. f(py,n); C. f(*py,&n); D. f(py,&n);

6. 假设定义了名字空间 ABC，其中有一个 int 型变量 x，则下列选项错误的是________。

A. ABC::x = 10;

B. using namespace ABC; x = 10;

C. using ABC::x ; x = 10;

D. using namespace ABC::x ; x = 10;

7. C++引入________释放所申请的动态内存空间。

A. malloc() B. free() C. new D. delete

8. 当一个函数无返回值时，函数的类型应定义为________。

A. void B. 任意 C. int D. 无

9. 下面正确的引用定义是________。

A. int &a[4]; B. int &*p; C. int &&q; D. int i,&p=i;

10. 下列关于引用的说法错误的是________。

A. 引用是变量的别名，所以不另外为引用分配内存空间

B. 引用作为形参要求对应的实参只能是变量

C. 在同一个函数中，不作为形参的引用也可以作为不同变量的别名

D. 引用作为返回值的函数可以作为左值调用

11. 采用函数重载的目的在于________。

A. 实现共享 B. 减少空间

C. 提高速度 D. 便于记忆，提高可读性

12. 有全局变量“int x = 100;”同时 main()函数中有同名局部变量“int x = −5;”下列说法正确的是________。

A. 全局变量 x 在 main()函数中不可以访问

B. 全局变量 x 在 main()函数中可以访问，形如“x = 1;”使其获得新的值 1

C. 全局变量 x 在 main()函数中可以访问，形如“::x = 1;”使其获得新的值 1

D. 由于全局变量 x 在 main()函数中可访问，所以局部变量失效，不可访问

13. 在C++源程序中，关于语句“int *p=new int(5);”的说法中正确的是________。

A. 用指针p申请了连续5个int型的空间，但未向这些动态空间中赋初值

B. 用指针p申请了1个int型的空间，同时向该动态空间中赋入初值5

C. 用指针p申请了1个int型的空间，同时为指针p赋入初值5

D. 该语句存在语法错误

14. 有函数原型“int & f (int & b);”，假设main()函数中有定义“int x=1,y=2;”，则下列对f()的调用中错误的是________。

A. y = f (3);　　B. y = f (x) + 1;　　C. f (x) = y * 2;　　D. f (x);

15. 关于try-catch，下列说法错误的是________。

A. try-catch语句块之间可以出现其他语句

B. try-catch语句块一起出现，一定是try块在先，catch块在后

C. try块只能有一个

D. 与try块对应的catch块可以有多个，表示可与不同的异常信息相匹配

三、填空题

1. 如果将“>>”作为C++中控制输入的提取符时，右边只能跟________。

2. C++语言提供________来防止命名冲突。C++语言提供的标准名字空间________涵盖标准C++的所有定义和声明，包含C++所有的标准库。

3. 在C++语言中，语句“cout<<endl;”还可表示为________。

4. C++新增加了________类型表示逻辑类型，该类型有两个常量，用______表示真，用_____表示假。用“cout<<”输出时，必须在输出流中插入操纵符_______才能输出逻辑常量，否则只能输出1或0。

5. C++语言提供了局部变量更加灵活的定义方式，其定义和声明可以在程序块的______出现，这时变量的作用域为从定义点到该变量所在的________的范围。

6. C++中，为了将float型变量f转为整型值赋给int型变量，除了可以用“x=(int)f;”，更常用的形式是________。

7. C++语言用运算符________申请动态空间，用运算符________释放动态空间。

8. 引用是变量的________，与引用形参对应的实参只能是________。

9. C++语言中，函数的形参可以提供默认参数值，默认参数值给定的顺序是________，这样可以有多种调用方法，调用时实参与形参对应的顺序是__________，实参最少需要________个。

10. 在C++语言中，对于功能完全相同或类似，只是在形参的_______、________或________方面有区别的不同函数以相同的函数名来命名，称为函数重载。

四、程序查错、改错

1. 下面的C++程序不能运行，修改程序，使编译链接时无errors和warnings。

```
1   int main()
2   {
3     int a,b;
4     cin>>a>>b>>endl;
5     b+=a;
6     cout<<b<<endl;
7     return 0;
8   }
```

2. 修改程序，使输入“*4　　6<回车>*”后，程序运行结果为“4　6　0”。

```
1   #include <iostream>
2   using namespace std;
3   int main()
4   {
5       for(int k=0;k<=5;k++)
6       {
7           int a,b;
8           cin>>a>>b;
9           if (a>k||b<k) break;
10      }
11      cout<<a<<"  "<<b<<"  "<<k<<endl;
12      return 0;
13  }
```

3. 修改程序，使程序正确输出半径为 6.4 的圆的周长、面积和体积。

```
1   #include <iostream>
2   using namespace std;
3   const float pi=3.14f;
4   const float r=3.2f;
5   int main()
6   {
7     float s,c,v;
8     r*=2;
9     s=pi*r*r;
10    c=2*pi*r;
11    v=4/3*pi*r*r*r;
12    cout>>c>>"  ">>s>>"  ">>v>>endl;
13    return 0;
14  }
```

4. 修改程序，使程序运行结果如下。

```
The values are 8,15
The values are 8,815
The values are 8,815
```

程序代码如下。

```
1   #include <iostream>
2   using namespace std;
3   void comp(const int&,int&)
4   int main( )
5   {
6      int count=8,index=15;
7      cout<<"The values are";
8      cout<<count<<","<<index<<endl;
9      comp(count,index);
10     cout<<"The values are";
11     cout<<count<<","<<index<<endl;
```

```
12     return 0;
13  }
14  void comp(const int &in1,int &in2)
15  {
16      in1=in1*100;
17      in2=in2+in1;
18      cout<<"The values are";
19      cout<<in1<<","<<in2<<endl;
20  }
```

5. 不增加或减少程序的行数，修改程序，使程序运行结果如下。

```
20
name is:EFG  30
```

程序代码如下。

```
1    #include <iostream>
2    using namespace std;
3    void f(int &x,char *s="ABC");
4    int f(int)
5    int main()
6    {
7        char name[10]=" ";
8        int x=10,y=20;
9        cout<<f(x)<<endl;
10       f(y,name);
11       cout<<"name is:"<<name<<"  "<<y<<endl;
12       return 0;
13   }
14   void f(int &x,char *s="ABC")
15   {
16       x+=10;
17       while (*s!='\0')
18       {
19            *s+=4;
20       }
21   }
22   int f(int y)
23   {
24       return y+10;
25   }
```

五、读程序写结果

1. 写出下面程序的运行结果。

```
//exercise2_5_1.cpp
#include <iostream>
using namespace std;
int  main()
{
     int n = 20 , m = 30 ;
     int &x = n ;
     x = m ;
     cout << n << "  " ;
     x = x + 10 ;
     cout << n << "  " << m << "  " ;
```

```
    n += m ;
    cout << x << endl ;
    return 0;
}
```

2. 写出下面程序的运行结果。

```
//exercise2_5_2.cpp
#include <iostream>
using namespace std;
void swap(int m , int &n)
{
    int temp ;
    temp = m ;
    m = n ;
    n = temp ;
}
int main()
{
    int x = 10 , y = 20 ;
    cout << "x=" << x << ",y=" << y << endl;
    swap( x , y ) ;
    cout << "x=" << x << ",y=" << y << endl;
    return 0 ;
}
```

3. 写出下面程序的运行结果。

```
//exercise2_5_3.cpp
#include <iostream>
using namespace std ;
int main()
{
    int *a ;
    int *&p = a ;
    int b = 10 ;
    p = &b ;
    cout << *a << "  " ;
    b *= 2 ;
    cout << *a << "  " << endl ;
    return 0 ;
}
```

4. 写出下面程序的运行结果。

```
//exercise2_5_4.cpp
#include <iostream>
using namespace std;
void fun(char ch = '&' , int n = 3)
{
    for(int i = 0 ; i < n ; i++ )
    {
        cout << ch ;
    }
    cout << "\n" ;
}
int main()
{
    int num = 5 ;
    char ch = '#' ;
```

```
    fun() ;
    fun('@');
    fun( ch , num ) ;
    return 0;
}
```

5. 写出下面程序的运行结果。

```
//exercise2_5_5.cpp
#include <iostream>
using namespace std ;
char &f( char a[] , int i )
{
    return a[i] ;
}
int main()
{
    char a[] = "ABCDEF" ;
    f(a,3) = 'X' ;
    cout << a << endl ;
    return 0;
}
```

6. 写出下面程序的运行结果。

```
//exercise2_5_6.cpp
#include <iostream>
#include <string>
using namespace std ;
int  main()
{
    string s1 = "C++ is great fun!" , s2 ;
    s2="C & C++" ;
    cout << "s1=" << s1 << endl << "s2=" << s2 << endl ;
    s1.erase( 0 , 3) ;
    s1.replace(1 , 2 , "are" ) ;
    s1 = s2 + s1 ;
    cout << "s1=" << s1 << endl << "s2=" << s2 << endl ;
    s2.replace(0 , 7 , "I think " ) ;
    s2.insert(8 , s1 ) ;
    cout << "s1=" << s1 << endl << "s2=" << s2 << endl ;
    return 0;
}
```

7. 读程序，根据以下 5 次不同的输入值，5 次对应的运行结果是________。

```
第 1 次输入： 1996  2
第 2 次输入： 2008  3
第 3 次输入： 2001  18
第 4 次输入： 2007  2
第 5 次输入： 1003  11
```

程序代码如下。

```
//exercise2_5_7.cpp
#include <iostream>
using namespace std ;
enum outOfRange { yearError , monthError } ;
int dayOfMonth( int year , int month ) ;
bool isLeapYear(int year)
{
    return year % 400 == 0 || year % 4 == 0 && year % 100 !=0 ;
```

```
}
int  main()
{
     int year , month , day=0 ;
     cout << "Please input the year & month\n" ;
     cin >> year >> month ;
     try
     {
        day = dayOfMonth( year , month ) ;
     }
     catch( outOfRange t )
     {
         if ( t == yearError ) cout << "year is not in 1~2007\n" ;
         if ( t == monthError) cout << "month is not in 1~12\n" ;
         return 0 ;
     }
     cout << year << ":" << month << ":" << day << endl ;
     return 0 ;
}
int dayOfMonth( int year , int month )
{
    int day = 31 ;
    if (year < 0 || year > 2007 ) throw yearError ;
    if (month < 1 || month > 12 ) throw monthError;
    switch( month )
    {
     case 2: if( isLeapYear(year) ) day = 29 ;
           else day = 28 ;
           break;
     case 4:
     case 6:
     case 9:
     case 11: day = 30 ;
    }
    return day;
}
```

8. 读程序，若输入为“*3<回车>*”，则运行结果是________。

```
//exercise2_5_8.cpp
#include <iostream>
using namespace std;
int main()
{
   int num , *a , i ;
   cin >> num;
   a = new int ( num ) ;
   cout << "*a=" << *a << endl ;
   delete a ;
   a = new int[num] ;
   for ( i = 0 ; i < num ; i++ )
       a[i] = 10 * ( i + 1 ) ;
   cout << "output the dynamic array:\n" ;
   for ( i = 0 ; i < num ; i++ )
       cout << *(a+i) << "   " ;
   cout << endl ;
   delete []a ;
   return 0 ;
}
```

9. 写出下面程序的运行结果。

```
//exercise2_5_9.cpp
#include <iostream>
using namespace std ;
int a[ ] = { 3 , 4 , 5 , 6 , 7 } ;
int main()
{
    enum color{RED = 10 , YELLOW = 20 , WHITE , GREEN , BLACK }c1 , c2;
    c1 = BLACK ;
    c2 = RED ;
    double d[3] ;
    d[0] = d[1] = c1 - 2 ;
    d[2] = 13.42 ;
    cout << c1 << ':' << c2+a[2] << endl ;
    cout << a[0] * a[1] + a[3] << ',' << d[1] + d[2] << endl ;
    return 0 ;
}
```

10. 写出下面程序的运行结果。

```
//exercise2_5_10.cpp
#include <iostream>
using namespace std ;
int& fun(const int & , int & );
int main()
{
     int x = 10 ;
     int y = 50 , z ;
     z = fun ( x , y ) ;
     cout << "x=" << x << "  y=" << y << "  z=" << z << endl ;
     x = 20 ;
     y = fun ( x , z ) ;
     cout << "x=" << x << "  y=" << y << "  z=" << z << endl;
     fun ( x , y ) = 100 ;
     cout << "x=" << x << "  y=" << y << "  z=" << z << endl;
     return 0 ;
}
int& fun ( const int &a , int &b )
{
     static int c = 5 ;
     b += a + c ;
     cout << "a=" << a << "  b=" << b << endl ;
     return b ;
}
```

六、编程题

1. 编写 C++的源程序，实现利用下列公式求π值。

$\pi/4=1-1/3+1/5-1/7+\ldots$

2. 定义重载函数 double area（形参表），分别用来求长方形、三角形、正方形、圆的面积，主函数中给定必要的初始数据，分别调用这些函数求面积。

3. 定义一个函数 average 实现求数组 a 的前 num 个元素的最大值、最小值、平均值，其中最大值和最小值通过参数返回结果，函数返回的是平均值。主函数中给定相关数据求解并输出运算结果。

【本章参考答案】

一、判断题

题号	1	2	3	4	5	6	7	8	9
答案	×	√	×	×	√	×	√	√	×

二、单选题

题号	1	2	3	4	5	6	7	8	9	10	11	12	13	14	15
答案	D	D	C	B	B	D	D	A	D	C	D	C	B	A	A

三、填空题

1. 变量
2. 名字空间，std
3. cout<<"\n";
4. bool（布尔），true，false，boolalpha
5. 任何位置，最小程序块末
6. x=int (f);
7. new，delete
8. 别名，变量
9. 从右到左，从左到右，形参个数-带有默认值的形参个数
10. 个数，顺序，类型

四、程序查错、改错

1. ① 在第 1 行之前加入如下代码。

```
#include <iostream>
using namespace std;
```

　② 第 4 行删除">>endl"，语句改为：cin>>a>>b;

2. ① 删除第 7 行的变量定义语句"int a,b;"

　② 同时删除第 5 行 for 语句中的 int，改为：for(k=0;k<=5;k++)

　③ 将第 4 行改为"{　int a,b, k; "，3 个变量的定义都放前面

3. ① 删除第 8 行，同时将第 4 行改为：const float r=2*3.2f;

　或者：删除第 4 行，将第 6 行改为：{　float r=3.2f;

　② 第 11 行改为：v=4.0/3*pi*r*r*r;

　③ 第 12 行改为：cout<<c<<"　"<<s<<"　"<<v<<endl;

4. ① 第 3 行函数原型后面缺少了分号，应在最后加上分号

　② 删除第 16 行，不能对常引用参数赋值

　③ 将第 17 行改为：in2=in2+in1*100;

5. ① 第 3 行改为：void f(int &x,char *s);

　② 第 4 行后面加上分号

　③ 第 7 行改为：{ char name[10]="ABC ";

④ 第14行改为：void f(int &x,char *s);

⑤ 第19和20行之间增加一句"s++;"

五、读程序写结果

1. 程序运行结果如下。

```
30  40  30  70
```

2. 程序运行结果如下。

```
x = 10,y=20
x = 10,y=10
```

3. 程序运行结果如下。

```
10  20
```

4. 程序运行结果如下。

```
&&&
@@@
#####
```

5. 程序运行结果如下。

```
ABCXEF
```

6. 程序运行结果如下。

```
s1=C++ is great fun!
s2=C & C++
s1=C & C++ are great fun!
s2=C & C++
s1=C & C++ are great fun!
s2=I think C & C++ are great fun!
```

7. 程序运行结果如下。

```
1996:2:29
year is not in 1~2007
month is not in 1~12
  2007:2:28
  1003:11:30
```

8. 程序运行结果如下。

```
*a=3
output the dynamic array:
10   20   30
```

9. 程序运行结果如下。

```
23:15
18,34.42
```

10. 程序运行结果如下。

```
a=10  b=65
x=10  y=65  z=65
a=20  b=90
x=20  y=90  z=90
a=20  b=115
x=20  y=100  z=90
```

六、编程题

1. 程序代码如下。

```
//exercise2_6_1.cpp
#include <iostream>
#include <cmath>
using namespace std ;
```

```
int main()
{
    double x = 1 , s = 0 , pi ;
    for ( int i = 1 ; fabs(x) > 1e-8 ; i++ )
    {
        x *= (-1.0) * (2 * i - 3)/(2 * i - 1) ;
        s += x ;
    }
    pi = s * 4 ;
    cout << "pi=" << pi << endl ;
    return 0 ;
}
```

2. 程序代码如下。

```
//exercise2_6_2.cpp
#include <iostream>
#include <cmath>
#include <string>
using namespace std ;
const double pi = 3.14159 ;
double area ( double r , char *s ) ;
double area( double a , double b , char *s ) ;
int main()
{
    double a , b , s[4] ;
    printf( "input two original data:\n" );
    cin >> a >> b;
    s[0] = area ( a , "circle" ) ;
    s[1] = area ( b , "square" ) ;
    s[2] = area ( a , b , "triangle" ) ;
    s[3] = area ( a , b , "rectangle") ;
    for (int i=0 ; i<4 ; i++)
          cout << s[i] << "  " ;
    cout << endl ;
    return 0 ;
}
double area( double r , char *s )
{
    if (strcmp(s,"circle")==0)
            return pi*r*r;
    else if (strcmp(s,"square")==0)
              return r*r;
         else return 0;
}
double area(double a,double b,char *s)
{
    if (strcmp(s,"triangle")==0)
         return a*b/2;
    else if (strcmp(s,"rectangle")==0)
              return a*b;
         else return 0;
}
```

3. 程序代码如下。

```
//exercise2_6_3.cpp
#include <iostream>
using namespace std;
double average (int a[ ] , int num , double &max , double &min ) ;
int main()
{
    int arr[10] = {23 , 45 , -90 , -34 , 124 , -4 , 88 , 0 , 345 , -10};
    double ave,max,min;
```

```
    printf("\n the original 10 elements are:\n");
    for (int i=0;i<10;i++)
        cout << arr[i] << "  " ;
    cout << endl ;
    ave = average ( arr , 6 , max , min ) ;
    cout<<"6 elements have been calculated, max="<< max ;
    cout<<" min=" << min << " average=" << ave <<endl ;
    ave=average( arr , 10 , max , min );
    cout << "10 elements have been calculated, max=" << max ;
    cout<<" min=" << min << " average=" << ave <<endl ;
    return 0 ;
}
double average (int a[ ] , int num , double &max , double &min )
{
    double sum = 0 ;
    sum = max = min = a[0] ;
    for (int i =  1; i < num ; i++ )
    {   sum += a[i] ;
        if (a[i] > max) max = a[i];
        if (a[i] < min) min = a[i];
    }
    return sum/num;
}
```

第3章　类与对象的基本知识

一、单选题

1. 以下选项中不属于类的访问权限的是________。

   A. public　　B. private　　C. static　　D. protected

2. 可以用p.a的形式访问类对象p的成员a，其中a是________。

   A. 公有数据成员　　B. 私有数据成员

   C. 公有成员函数　　D. 私有成员函数

3. 下列选项中正确的是________。

A.
```
class P
{
public:
    int x=15;
    void show()
    { cout<<x; }
} ;
```

B.
```
class P
{
private:
    int x;
    void show()
    { cout<<x ;}
} ;
```

C.
```
class P
{
   int f;
}
int f=25;
```

D.
```
class P
{
  int a;
public:
  void seta(int x)
  { a=x; }
} ;
```

4. 下列关于成员函数特征的描述中，________是错误的。

A. 成员函数一定是内联函数　　B. 成员函数可以重载

C. 成员函数可以设置缺省参数值　　D. 成员函数可以是静态的

5. 有关类的说法中错误的是________。

A. 类是一种用户自定义的数据类型

B. 类中的成员函数能存取类中的私有数据

C. 在类中，如果不作访问属性说明，所有的数据均为私有属性

D. 在类中，如果不作访问属性说明，所有的成员函数均为公有属性

6. 在以下类的说明中，有错误的地方是________行。

```
class  CSample
{
      int a=2.5;                        //  A.
  public:
      CSample();                        //  B.
      CSample(int val);                 //  C.
      ~CSample() ;                      //  D.
};
```

7. 每个类________构造函数。

A. 只能有一个　B. 只可有私有的　C. 可以有多个　D. 只可有缺省的

8. 在下面选项中，类的复制构造函数的正确声明格式是________。

A. A::A(&)　B. A::A(const A&)　C. A::A(A)　D. void A::A(A&a)

9. 假定 AB 为一个类，则执行“AB a(3), b[2];”语句时共调用该类构造函数的次数为________。

A. 3　B. 4　C. 5　D. 9

10. 类的析构函数的作用是________。

A. 像一般成员函数那样被调用　　B. 初始化类

C. 初始化对象　　D. 删除该类创建的所有对象

11. 类的析构函数是在________时调用的。

A. 创建类　B. 创建对象　C. 删除对象　D. 对象生存期结束

12. 假定 AB 为一个类，则执行“AB x;”语句时将自动调用该类的________。

A. 有参构造函数　　B. 无参构造函数

C. 复制构造函数　　D. 赋值函数

13. 以下关于构造函数的叙述错误的是________。

A. 构造函数名必须和类名一致　　B. 构造函数在定义对象时自动执行

C. 构造函数无任何函数类型　　D. 在一个类中构造函数有且仅有一个

14. ________不是构造函数的特征。

A. 构造函数的函数名与类名相同　　B. 构造函数可以重载

C. 构造函数可以设置缺省参数　　D. 构造函数必须指定返回值类型

15. 下列各类函数中，________不是类的成员函数。

A. 构造函数　B. 析构函数　C. 友元函数　D. 复制构造函数

16. 下面________是对构造函数和析构函数的正确定义。

A. void ::X();
void X:: ~X();

B. X::X(参数);
X::~X(参数);

C. X::X(参数);
X:: ~X();

D. Void X::X(参数);
void X:: ~X(参数);

17. 定义析构函数时，应该注意________。

A. 其函数名与类名完全相同

B. 函数返回类型是 void 类型

C. 无形参，也不可重载

D. 函数体中必须有 delete 语句

18. ________是析构函数的特征。

A. 析构函数可以有一个或多个参数

B. 析构函数名与类名完全相同

C. 析构函数的实现只能在类体内

D. 一个类中只能定义一个析构函数

19. 设 A 为 test 类的对象且赋有初值，则语句“test B = A;”表示________。

A. 语法错

B. 为对象 A 定义一个别名

C. 调用复制构造函数，将对象 A 复制给对象 B

D. 仅说明 B 和 A 属于同一个类

20. 建立对象时，为节省内存，系统一般只分配用于存储________的内存。

A. 类　　B. 数据　　C. 结构　　D. 方法

21. 建立对象时，为节省内存，________为所定义的同类对象所共享。

A. 类　　B. 数据成员　　C. 结构　　D. 成员函数

22. 下列表达式中类的使用方法错误的是________。

```
class Location
{
private:
   int X,Y;
public:
   void init(int initX, int initY)
   {
       X = initX ; Y = initY;
   }
   int Get_X()
   {
       return  X;
   }
   int Get_Y()
   {
       return  Y;
   }
} A1;
```

A. A1.Get_X();

B. A1.init(5,3);

C. X=A1.X;

D. Location　*pA1;
pA1 = &A1;
int X=pA1->Get_X();

23. 要将一个函数声明为内联函数可以在其前面加上________。

A. void　　B. include　　C. inline　　D. virtual

24. 下面定义一个描述坐标的 Point 类，正确的是________。

A.
```
class Point
{
private:
   int X,Y;
public:
   void Point (int iX,   iY);
   int Get_X();
   int Get_Y();
}
```

B.
```
class Point
{
private:
   int X,Y;
public:
   void init(int iX，int iY);
   int Get_X();
   int Get_Y();
};
```

C.
```
class Point
{
private:
   int X,Y  =  0;
public:
   void init(int iX, int iY);
   int Get_X(), Get_Y();
};
```

D.
```
class Point
{
  void   init(int iX,int iY);
private:
  int X,Y;
  int Get_X();
  int Get_Y();
};
```

25. 下列情形中，适合采用内联函数的是_______。

A. 函数体含有递归语句　　B. 函数体含有循环语句

C. 函数代码少，频繁调用　　D. 函数代码多，频繁调用

26. 已知 p 是一个指向类 A 整型数据成员 m 的公有指针数据成员，A1 是类 A 的一个对象。如果要给 m 成员赋值为 5，________是正确的。

A. A1.p=5　　B. A1->p=5　　C. A1.*p=5　　D. *(A1.p)=5

27. 已知类 A 中一个成员函数说明“void Set(A &a);”。其中，“A　&a”的含义是________。

A. 指向类 A 的指针为 a

B. 将 a 的地址值赋给变量 Set

C. a 是类 A 的对象引用，用来作函数 Set()的形参

D. 变量 A 与 a 按位与作为函数 Set()的参数

28. 以下函数________的表示方法说明它使用对象的引用作为参数。

A. test(pt *p);　　B. test(pt p);　　C. test(pt &p);　　D. test(const p);

29. 已定义了 A 类，现有函数原型：“int fun(A &ob1, A &ob2);”及对象与指针定义“A a, b, *p1=&a, *p2=&b;”，则正确的调用语句是________。

A. fun(a,b);　　B. fun(&a,&b);　　C. fun(p1,p2);　　D. fun(&p1,&p2);

二、程序查错、改错

1. 修改程序，使程序运行结果为：i=10。

```
1   #include<iostream>
2   using namespace std;
3   class A
```

```
4   {
5      int i;
6   public:
7      void A(int  ii)
8      {
9           i = ii;
10     }
11     int  geti ()
12     {
13        return i;
14     }
15  };
16  int main()
17  {
18     A *pa;
19     pa = new A;
20     cout << "i=" << pa -> geti() << endl ;
21     return 0;
22  }
```

2. 指出下列程序中的错误，并说明错误原因。

```
1   #include <iostream>
2   using namespace std;
3   class base
4   {
5      int x;
6   protected:
7      int y;
8   public:
9      int z;
10     void Init(int a,int b)
11     {
12        x = a;
13        y = b;
14     }
15     void show()
16     {
17        cout << x << y << z << endl;
18     }
19     cout << getx () << endl;
20  }A;
21  int main()
22  {
23     A.Init(76,77);
24     A.z = 78;
25     A.y = 79;
26     A.x = 80;
27     A.show();
28     return 0;
29  }
```

3. 修改程序，使程序运行结果正确。

```
1   #include <iostream>
2   using namespace std;
3   class base
4   {
```

```
5     int x;  y;
6   public:
7     int z;
8     void Init(int a,int b)
9     {
10        setx(a);
11        sety(b);
12    }
13    int getx(){ return x ; }
14    int gety() {return y ; }
15    void setx( int a ){ x = a ; }
16    void sety( int b ){ y = b ; }
17  }
18  int main()
19  {
20     A.Init(76,77);
21     B.Init(78,79);
22     cout << "A.x=" << A.getx() << endl ;
23     cout << "B.x=" << B.getx() << endl ;
24     return 0;
25   }
```

4. 修改程序，使程序运行结果为：hour:5/minute:39。

```
1   #include <iostream >
2   using namespace std;
3   class Time
4   {
5    public:
6        int hour,minute ;
7        void printTime() ;
8        void setHour(int h,int m)
9        {
10          hour = h ; minute = m;
11       }
12  };
13  void printTime()
14  {
15      cout << "\nhour:" << hour << "/minute:" << minute << endl ;
16  }
17  int main()
18  {
19       Time aTime;
20       Time.setHour( 5 , 39 );
21       printTime();
22       return 0;
23  }
```

5. 修改程序，使程序运行结果为：10。

```
1   #include <iostream>
2   using namespace std;
3   class Sample
4   {   int x,y;
5   public:
6     int Sample( int i , int j = 0 )
7     {
8        x = i ; y = j ;
```

```
9      }
10     int Max()
11     {
12        return x > y ? x : y ;
13     }
14  };
15  int main()
16  {
17     Sample S1;
18     S1.Max();
19     return 0;
20   }
```

6. 修改程序，使程序运行结果为：38-15=23。

```
1   #include <iostream>
2   using namespace std;
3   class Test
4   {
5      int X,Y;
6    public:
7      void init(int = 0 , int = 0 ) ;
8   };
9   inline void Test::init( int x , int y )
10  {
11     X = x ; Y = y ;
12  }
13  void print()
14  {
15     cout << X << "-" << Y << "=" << X - Y << endl ;
16  }
17  int main()
18  {
19     Test A;
20     init( 38 , 15 ) ;
21     A.print();
22     return 0;
23  }
```

三、读程序写结果

1. 写出下面程序的运行结果。

```
//exercise3_3_1.cpp
#include<iostream>
using namespace std;
class A
{
public:
    A()
    {
        cout << "Constructing A \n" ;
    }
    ~A()
      {
        cout << "Destructing A \n" ;
```

```
    }
};
class B
{
public:
    B()
    {
        cout << "Constructing B \n" ;
    }
    ~B()
    {
        cout << "Destructing B \n" ;
    }
};
int main()
{
    A a;
    B b;
    return 0;
}
```

2. 写出下面程序的运行结果。

```
//exercise3_3_2.cpp
#include <iostream>
using namespace std;
class Test
{
    int x,y;
public:
    Test(int i,int j)
    {
        x = i ;
        y = j;
        cout << "con\n" ;
    }
    Test(Test &A)
    {
        x = A.x ;
        y = A.y ;
        cout << "copycon\n" ;
    }
    void show()
    {
        cout << "x=" << x << "\ty=" << y << endl;
    }
};
int main()
{
    Test B1( 2  ,3 ) ;
    Test B2 = B1 ;
    Test B3( B1 ) ;
    B2.show() ;
    B3.show() ;
    return 0;
}
```

3. 写出下面程序的运行结果。

```
//exercise3_3_3.cpp
#include <iostream>
using namespace std;
class change
{
public:
   change(char a)
   {
       c2 = ( c1 = a ) - 32;
   }
   void print()
   {
       cout << c1 << " can be upwritten as " << c2 << endl;
   }
private:
   char c1 , c2 ;
};
int main()
{
       change a( 'a' ) , b( 'b' ) ;
       a.print() ;
       b.print() ;
       return 0;
}
```

4. 写出下面程序的运行结果。

```
//exercise3_3_4.cpp
#include<iostream>
using namespace std;
class STAT
{
    int y;
public:
    STAT(int  r = 0)
    {
       y = r;
       cout << "constructing" << endl ;
    }
    STAT( const STAT&A )
    {
       y=A.y;
       cout << "copy constructing" << endl;
    }
    ~STAT()
    {
       Cout << "destructing" << endl ;
    }
    int get_y()
    {
       return y;
    }
};
int sqr(STAT O)
```

```
{
    return O.get_y() * O.get_y();
}
int main()
{
    STAT  ob( 5 );
    cout << ob.get_y() << endl ;
    cout << sqr(ob) << endl ;
    return 0;
}
```

5. 写出下面程序的运行结果。

```
//exercise3_3_5.cpp
#include<iostream>
#include<math.h>
using namespace std ;
class Point
{
    int num ;
public:
    Point( int n )
    {
        cout << "Initializing" << n << endl ;
        num = n;
    }
    ~Point()
    {
        cout << "The End" << endl ;
    }
};
Point A( 88 ) ;
int main()
{
    cout << "Entering main" << endl;
    cout << "Exiting main" << endl;
    return 0;
}
```

6. 写出下面程序的运行结果。

```
//exercise3_3_6.cpp
#include<iostream>
using namespace std;
class A
{
    int a;
public:
    A( int n)
    {
        cout << "A  (int"<<n<<")  called" << endl;
        a = n;
    }
    A( double b )
    {
        a = int( b + 0.5 );
```

```
        cout << "  A(double"<<b<<")  called" << endl;
    }
    ~A()
    {
        cout << "~A()called A::a=" << a << endl;
    }
};
int main()
{
    cout << "Entering main" << endl ;
    int x = 14 ;
    double y = 17.3 ;
    A z( 11 ) , zz( 11.5 ) , zzz( 0 );
    zzz = A( x );
    zzz = A( y );
    cout << "Exiting main" << endl ;
    return 0;
}
```

7. 写出下面程序的运行结果。

```
//exercise3_3_7.cpp
#include<iostream>
using namespace std;
class Point
{
private:
    int x,y;
public:
    void init(int a,int b)
    {
       this -> x = a  ;
       this -> y = b ;
    }
    void setx(int a)
    {
       This -> x = a ;
    }
    void sety(int b)
    {
       This -> y = b ;
    }
    int getx()
    {
       return this -> x ;
    }
    int gety()
    {
       return this -> y ;
    }
};
int main()
{
    Point A,B;
    A.init( 702 , 311 ) ;
    B.init( 311 , 702 ) ;
    cout << "A.x=" << A.getx() << endl;
    cout << "B.y=" << B.gety() << endl;
    return 0;
}
```

8. 写出下面程序的运行结果。

```
//exercise3_3_8.cpp
#include<iostream.h>
char a[] = "ABCDE";
char &f( int ) ;
int main()
{
    f(3) = 'X' ;
    cout << a << endl ;
    return 0;
}
char &f(int i)
{
    return a[i];
}
```

9. 写出下面程序的运行结果。

```
//exercise3_3_9.cpp
#include <iostream>
using namespace std;
class sample
{
    int x;
public:
    sample( int i=10)
    {
        x = i*i;
    }
    int putx()
    {
        return x;
    }
};
void main ()
{
    sample *p;
    sample a[3] = { sample(5) , sample(6) } ;
    p=a;
    for (int j = 0 ; j < 3; j++ )
    {
       cout << p->putx() << endl;
       p++;
    }
}
```

10. 写出下面程序的运行结果。

```
//exercise3_3_10.cpp
#include <iostream>
using namespace std;
class Point
{   private:
        int num;
    public:
        Point( int n = 0 ) : num( n )
        {
            cout << "constructing Point  " << num << endl ;
        }
        ~Point()
```

```
        {
            cout << "destructing Point  " << num << endl ;
        }
};
int main()
{
    Point A(8) , B[2] ;
    return 0;
}
```

11. 写出下面程序的运行结果。

```
//exercise3_3_11.cpp
#include <iostream.h>
class Test
{
public:
    Test(int=0,int=1,int=2);
    void initial( int m );
    void print()
    {
        cout << a << ' ' << b << ' ' << c << endl;
    }
    int a, b, c;
};
Test::Test(int x,int y,int z):a(x),b(y),c(z)
{}
void Test::initial( int m )
{
    a = m;
    b = m + 5;
    c = m + 10;
}
int main()
{
    Test x[2] ,*p = x ;
    p -> print();
    p++;
    p -> initial( 20 );
    x[0].print();
    x[1].print();
    return 0;
}
```

12. 写出下面程序的运行结果。

```
//exercise3_3_12.cpp
#include <iostream>
using namespace std;
class sample
{
    int x;
public:
    void setx( int i )
    {
        x = i;
    }
    int putx()
    {
        return x;
    }
};
```

```
int main()
{
    sample *p;
    sample A [3];
    A[0].setx(5);
    A[1].setx(6);
    A[2].setx(7);
    for (int j = 0 ; j < 3; j++ )
    {
        p= &A [j] ;
        cout << p->putx() << " " ;
    }
    Cout << endl;
    return 0;
}
```

四、程序填空题

1. 下面的 word 类实现了在字符串中查找子串的功能。主函数中定义了 word 类的对象数组 w[4]，统计该对象数组中含有指定子串的对象的个数。

```
//exercise3_4_1.cpp
#include<string>
#include<iostream>
using namespace std;
static int num=0;
class word
{
    char *name;
public:
    word(char *n)
    {
        if(strlen(n))
        {
           Name = new char(strlen(n) + 1);
        }
        _______①_______ ;
      }
    void Search(char *s)
    {
        int j;
       for(j=0;(s[j]!='\0')&&(name[j]!='\0')&&(s[j]==name[j]);j++);
        if( _____②_____ )
        {
         ______③______ ;
        }
    }
};
int main()
{
    word w[4] = { word( "China" ) , word( "India" ) ,
                word( "England" ) , word("India") };
    char find[12];
    cout << "Please input the string to be found:";
    cin >> find;
    for(int i = 0 ; i < 4 ; i++)
    {
       ______④______ ;
```

```
    }
    Cout << "Find " << num << " words" << endl ;
    return 0;
}
```

2. 完善程序，使程序的两行输出结果如下。

```
默认初始化
初始化
0  0
2  4.5
```

程序代码如下。

```
//exercise3_4_2.cpp
#include<iostream>
using namespace std;
class a
{
private:
    int num;
    float f1;
public:
    a();
    a(____①____);
    ____②____ Getint()
    {
        return num;
    }
    ____③____Getdouble()
    {
        return f1;
    }
};
    ____④____ a()
{
    cout<<"默认初始化"<<endl;
    ____⑤____ ;
    ____⑥____ ;
}
a::a(int n,double f)
{
    cout<<"初始化"<<endl;
    num=n;
    f1=f;
 }
int main()
{
    a x;
    a y(2,4.5);
    cout << x. Getint() << "  " << x. Getdouble() << endl;
    cout << y. Getint() << "  " << y. Getdouble() << endl;
    return 0;
}
```

3. 计算给定三角形的边长和面积并输出。

```
//exercise3_4_3.cpp
#include<iostream>
#include<math.h>
```

```
            ①
class A
{
    double a,b,c;
public:
    A( double, double, double);
            ②
            ③
};
double A::fun1()
{
    return a + b + c;
}
A::A(double i, double j, double k)
{
    a = i; b = j ; c = k;
}
double A::fun2()
{
    double d;
    d = ( a + b + c ) / 2.0;
    return sqrt( d * (d - a ) * ( d - b ) * ( d - c ));
}
int main()
{
    A a1( 3, 4, 5);
            ④
            ⑤
    return 0;
}
```

4. 完善 Student 类的定义，使程序正确执行，输出结果如下。

```
age:18,name:zhangzhan
age:19,name:lili
age:17,name:wangwan
```

程序代码如下。

```
//exercise3_4_4.cpp
#include<iostream>
#include<string>
using namespace std;
class Student
{
    int age;
    string name;
public:
    Student()
    {
        age = 0;
        nName = " ";
    }
    Student( int m , string n   )
    {
        age = m;
            ①
    }
    void SetName(int a, string n   )
    {
        age =a ;
```

```
        name = n;
    }
    int Getage()
    {
        return age;
    }
    ___②___ Getname()
    {
        return name;
    }
};
int main()
{
    Student S[3],*p=S;      //如果类定义中没有无参构造函数，则此语句出错
    S[0]. SetName( 18 , "zhangzhan" );
    S[1]. SetName( 19 , "lili" );
    S[2]. SetName( 17 , "wangwan" );
    for( ; ___③___;p++)
    {
        cout << "age:" << ___④___ << "," ;
        cout << "name:" << ___⑤___<< endl;
    }
    return 0;
}
```

五、编程题

1. 构建一个类，使其含有 3 个数据成员，分别表示盒子的 3 条边长；含有构造函数和一个用来计算盒子体积的成员函数。

2. 下面是一个类的测试程序，请设计出能使用如下测试程序的类。

```
int main()
{
    test a;
    a.init(35,15);
    a.print();
    return 0;
}
```

测试结果如下。

```
35-15=20
```

3. 下面的程序，请补上所缺类说明文件 base.h 的最小形式。

```
#include <iostream>
#include"base.h"
using namespace std;
int main()
{
    base a,b;
    a.setx(6);
    cout << a.getx() << "-" << b.getx() << endl;
    return 0;
}
```

测试结果如下。

```
6-10
```

4. 定义一个 Book 类，在该类定义中包括如下内容。

（1）数据成员：bookname，price，number(存书数量);

（2）成员函数：display()　//显示图书的情况

borrow()　//将存书量减 1，并显示当前存书数量

restore()　//将存书量加 1，并显示当前存书数量

在 main()函数中，要求创建某种图书对象，并且对该图书进行简单地显示、借阅和归还管理。

5. 定义一个圆类（Circle），数据成员为半径（radius）、圆周长和面积，要求定义构造函数（以半径为参数，缺省值为 0，周长和面积在构造函数中生成）和复制构造函数，并设计输出成员函数，输出半径、周长和面积；在主函数中生成圆类对象，并输出相应数据。

【本章参考答案】

一、单选题

题号	1	2	3	4	5	6	7	8	9	10	11	12	13	14	15
答案	C	A	D	A	D	A	C	B	A	D	D	B	D	D	C
题号	16	17	18	19	20	21	22	23	24	25	26	27	28	29	
答案	C	C	D	C	B	D	C	C	B	C	D	C	C	A	

二、程序查错、改错

1. ① 第 7 行改为：A(int　ii)

② 第 19 行改为：pa=new A(10);

③ 第 21 行插入一行语句“delete pa;”

或

① 第 7 行改为：A(int　ii=10)

③ 第 21 行添加一行语句：delete pa;

2. ① 第 19 行错，类定义中执行语句应置于函数体内，不能在类体单独出现

② 第 25 行错，不能对 protected 成员变量 y 在类外通过对象名直接访问

③ 第 26 行错，不能对 private 成员变量 x 在类外通过对象名直接访问

3. ① 第 5 行改为：int　x,y;

② 第 17 行添加类定义结束符号;

③ 第 20 行添加对象定义语句“base A,B;”

4. ① 第 13 行改为：void　Time::printTime()

② 第 20 行改为：aTime. setHour(5,39);

③ 第 21 行改为：aTime. printTime();

5. ① 第 6 行改为：Sample(int i,int j=0)

② 第 17 行改为：Sample S1(10);

③ 第 18 行改为：cout<< S1.Max();

6. ① 第 7 行插入成员函数声明“void print();”

② 第 13 行改为：void Test::print()

③ 第20行改为：A.init(38,15);

三、读程序写结果

1. 程序运行结果如下。

```
Constructing A
Constructing B
Destructing B
Destructing A
```

2. 程序运行结果如下。

```
con
copycon
copycon
x=2     y=3
x=2     y=3
```

3. 程序运行结果如下。

```
a can be upwrintten as A
b can be upwrintten as B
```

4. 程序运行结果如下。

```
constructing
5
copy constructing
destructing
25
destructing
```

5. 程序运行结果如下。

```
Initializing88
Entering main
 Exiting main
```

6. 程序运行结果如下。

```
Entering main
A  (int11)  called
A  (double11.5)  called
A  (int0)  called
A  (int14)  called
~A()called  A::a=14
A  (double 17.3)  called
~A()called  A::a=17
Exiting main
~A()called  A::a=17
~A()called  A::a=12
~A()called  A::a=11
```

7. 程序运行结果如下。

```
A.x=702
B.x=702
```

8. 程序运行结果如下。

```
ABCXE
```

9. 程序运行结果如下。

```
25
36
100
```

10. 程序运行结果如下。

```
constructing Point  8
```

```
    constructing Point  0
    constructing Point  0
    destructing Point  0
    destructing Point  0
    destructing Point  8
```

11. 程序运行结果如下。

```
    0 1 2
    0 1 2
    20 25 30
```

12. 程序运行结果如下。

```
    5 6 7
```

四、程序填空题

1. ① strcpy(name,n)

   ② s[j]=='\0'

   ③ num++

   ④ w[i].Search(find)

2. ① int,double

   ② int

   ③ double

   ④ a::

   ⑤ num=0 ;

   ⑥ f1=0.0

3. ① using namespace std;

   ② double fun1();

   ③ double fun2();

   ④ cout<<a1.fun1()<<endl;

   ⑤ cout<<a1.fun2()<<endl;

4. ① name=n;

   ② string

   ③ p<S+3

   ④ p->Getage()

   ⑤ p->Getname();

五、编程题

1. 程序代码如下。

```
//exercise3_5_1.cpp
#include<iostream>
using namespace std;
class Cube
{
    double Length, Width, High ;
public:
    Cube(double x = 3 , double y = 2, double z = 1) ;
    double Compute();
};
```

```
Cube::Cube( double x,double y,double z)
{
    Length = x;
    Width = y;
    High = z;
}
double Cube::Compute()
{
    return Length * Width * High ;
}
int main()
{
    cube A( 1, 2, 4 );
    cout << A.Compute() << endl;
    return 0;
}
```

2. 程序代码如下。

```
//exercise3_5_2.cpp
#include<iostream>
using namespace std;
class test
{
     int a , b ;
public:
     void init( int x, int y )
     {
         a = x ;
         b = y ;
     }
     void print()
     {
        cout << a << "-" << b << "=" << a - b << endl ;
     }
};
int main()
{
    test a;
    a.init( 35, 15 );
    a.print();
    return 0;
}
```

3. 程序代码如下。

```
//exercise3_5_3.cpp
class base
{
private:
   int x, y;
public:
   base(int m, int n = 6 ) ;
   void setx(int m);
   void sety(int n);
   int getx();
   int gety();
};
base::base(int x, int y = 6 )
{
    x = m;
```

```
    y = n;
}
void base::setx( int m )
{   x = m;
}
void base::sety( int n)
{
    y = n;
}
int base::getx()
{
    return x;
}
int base::gety()
{
    return y;
}
```

4. 程序代码如下。

```
//exercise3_5_4.cpp
#include<iostream>
#include<string>
using namespace std;
class Book
{
    string bookname;
    double price;
    int number;
public:
    Book(string bn, double p, int n)
    {
        Bbookname = bn;
        price = p;
        number = n;
    }
    void display()
    {
         cout << bookname << "  " << price << "   " << number << endl;
    }
    int borrow()
    {
        number-- ;
        return number;
    }
    int restore()
    {
        number++ ;
        return number;
    }
};
int main()
{
    Book book1( "C++", 23.5,3 );
    Book book2("Data Structure", 28.8, 7 );
    book1.borrow();
    book1.display();
    book2.restore();
    book2.display();
    return 0;
```

```
}
```

5. 程序代码如下。

```
//exercise3_5_5.cpp
#include<iostream.h>
#include<math.h>
class Circle
{
   double r, Area, Circumference ;
public:
   Circle( double a = 0 );
   Circle( Circle & );
   void SetR( double R );
   double GetR()
   {
      return r;
    }
   double GetAreaCircle()
   {
      return Area;
   }
   double GetCircumference()
   {
      return Circumference;
    }
};
Circle::Circle(double a)
{
   r = a;
   area = r * r * 3.14159265;
   circumference = 2 * r * 3.14159265;
}
Circle::Circle(Circle & cl)
{
   r = cl.r;
   Area = cl.Area;
   Circumference = cl.Circumference;
}
void Circle::SetR( double R )
{
   r = R;
   Area = r * r * 3.14159265 ;
   Circumference = 2 * r * 3.14159265 ;
}
int main()
{
   Circle cl1( 2 ) , cl2 , cl3 = cl1 ;
   cout << "圆半径:" << cl3.GetR() << '\t'
        << "圆周长:" << cl3.GetCircumference()
        << '\t' << "圆面积:" << cl3.GetAreaCircle() << endl;
   cl2.SetR(4);
   cout <<"圆半径:" << cl2.GetR() << '\t'
        <<"圆周长:" <<cl2.GetCircumference()
        <<'\t' << "圆面积:" << cl2.GetAreaCircle() << endl;
   return 0;
}
```

第 4 章　类与对象的知识进阶

一、单选题

1. 已知 print()函数是一个类的常成员函数，无返回值，下列正确的原型声明为________。

A. void print()const　　　　B. const void print()

C. void const print()　　　　D. void print(const)

2. 以下类的说明，请指出错误的地方________。

```
class  CSample
{
    const int a = 2.5;          //      A.
  public:
    CSample();                  //      B.
    CSample( int val );         //      C.
     ~CSample() ;               //      D.
};
```

3. 下列关于静态成员的描述中，错误的是________。

A. 静态成员都使用 static 来说明

B. 静态成员属于某一个类，而不专属于某一对象

C. 静态成员只能用类名加作用域运算符引用，不可以通过对象来引用

D. 静态数据成员的初始化是在类体外进行的

4. 下列说法错误的是________。

A. 静态成员函数只能访问自己类中的静态数据成员

B. 静态数据成员可以是私有属性

C. 静态成员函数没有 this 指针

D. 静态成员函数只能被该类的对象所调用

5. 下列关于常成员函数的描述中，正确的是________。

A. 常成员函数只能访问类的常成员变量

B. 常成员函数对数据成员只访问不修改

C. 常成员函数只能被常对象所调用

D. 常成员函数可以调用类的任何成员函数

6. 关于常成员函数与普通成员函数的说法，错误的是________。

A. 常成员函数不可以调用普通成员函数

B. 常成员函数对数据成员只访问不修改，而普通成员函数可以修改数据成员值

C. 常成员函数可以被任何对象调用，而普通成员函数不能被常对象所调用

D. 常成员函数只能访问类的常数据成员

7. 以下类的说明中，________构造函数无法对常数据成员 a 正确初始化。

```
class  CSample
{
     const  int  a;
public:
        //构造函数代码，见下面的选项；
};
```

A. CSample():a(24) { }　　B. CSample(int m):a(m) { }

C. CSample() { a = 24; }　　D. CSample(int m):a(m + 24) { }

8. 设类 AA 内定义了一个 int 型的静态数据成员 a，下列哪种方式对 a 的初始化正确________。

A. 在类 AA 的定义体内用语句：static int a = 20;

B. 在类 AA 的定义体外单独用语句：static int a = 20;

C. 在类 AA 的定义体外单独用语句：static int AA::a = 20;

D. 在类 AA 的定义体外单独用语句：int AA::a = 20;

9. 下列关于静态成员函数的说法，错误的是________。

A. 静态成员函数是成员函数中的一种，因此也有 this 指针

B. 静态成员函数一般专门用来访问类的静态数据成员

C. 静态成员函数一般不访问类的非静态成员

D. 静态成员函数一般配合静态数据成员使用

10. 下列关于常对象的说法，错误的是________。

A. 常对象是在程序运行过程中对象的各数据成员值不可改变的对象

B. 常对象的数据成员一定是常数据成员而不能是普通数据成员

C. 常对象只能调用本类的常成员函数

D. 常对象所属的类中也可以定义不是常成员函数的普通成员函数

11. 如果类 A 被说明成类 B 的友元，则________。

A. 类 A 的成员即类 B 的成员

B. 类 B 的成员即类 A 的成员

C. 类 A 的成员函数不得访问类 B 的成员

D. 类 B 不一定是类 A 的友元

12. 以下关于类的友元的说法错误的是________。

A. 友元函数可以访问该类的私有数据成员

B. 友元的声明必须放在类的内部

C. 友元函数必须在类外实现

D. 友元函数可以在类的内部声明并定义函数体

13. 已知类 A 是类 B 的友元，类 B 是类 C 的友元，则________。

A. 类 A 一定是类 C 的友元

B. 类 C 一定是类 A 的友元

C. 类 C 的成员函数可以访问类 B 的任何成员

D. 类 A 的成员函数可以访问类 B 的任何成员

二、程序查错、改错

1. 修改程序，使程序运行结果为：Destructing。

```
//exercise4_2_1.cpp
1   class A
2   {
3      const int a;
4      int &b;
5   public:
6       A(int a1,int b1)
7       {
8          a = a1;
9          b = b1;
10      }
11      ~A()
12      {
13         cout << "Destructing" << endl;
14      }
15  };
16  int main()
17  {
18      A a( 1, 2 );
19      return 0;
20  }
```

2. 修改程序，使程序运行结果正确。要求：不增行、减行，不修改 main()函数中的内容。

```
//exercise4_2_2.cpp
1   #include <iostream>
2   using namespace std;
3   class Circle
4   {
5   private:
6       double Radius;
7       const double PI = 3.14;
8   public:
9       Circle( double r )
10      {
11         Radius = r;
12      }
13      double Area();
14  };
15  double Circle::Area()
16  {
17      PI = 3.14159;
18      return PI * Radius * Radius;
19  }
20  int main()
21  {
22      Circle c1( 3.5 ), c2;          //定义类的两个对象，c2 的半径用默认值
23      cout << "area of c1=" <<c1.Area() << endl;
24      cout << "area of c2=" <<c2.Area() << endl;
25      return 0;
26  }
```

3. 修改程序，使程序运行结果正确。要求：不增行、减行，不修改main()函数中的内容。

```
//exercise4_2_3.cpp
1   #include <iostream>
2   using namespace std;
3   class Circle
4   {
5   private:
6        double Radius;
7        const double PI;
8   public:
9       Circle(double r = 0): PI( 3.1415926 )
10      {
11        Radius = r;
12      }
13      double Area() ;
14      void Print() ;
15  };
16  double Circle::Area()
17  {
18      return PI * Radius * Radius;
19  }
20  void Circle::Print()
21  {
22      cout << "Print() const:" << Area() << endl;
23  }
24  int main()
25  {
26      Circle c1( 3.5 );
27      const Circle c2( 4.1 );
28      c1.Print();
29      c2.Print();
30      return 0;
31  }
```

4. 不修改构造函数，修改程序，使程序运行结果为：2020年1月29日。

```
//exercise4_2_4.cpp
1   #include <iostream>
2   using namespace std;
3   class Date
4   {
5   public:
6         Date(int month, int day = 29)
7         {
8            iMonth = month;
9            iDay = day;
10           iYear = 2019;
11        }
12  private:
13        int iMonth, iDay, iYear ;
14   };
15   void print(  Date&d )
16   {
17      d.iYear += 1;
18      cout << iYear << "年" << iMonth << "月" << iDay << "日" << endl;
19   }
20   int main()
21   {
22     Date d1;
```

```
23      print( d1 );
24      return 0;
25   }
```

三、读程序写结果

1. 写出下面程序的运行结果。

```
//exercise4_3_1.cpp
# include <iostream>
using namespace std;
class sample
{
   int n;
   static int k;
public:
   sample(int i) { n = i; k++; }
   void disp();
};
void sample:: disp ()
{
    cout << "n=" <<n << ", k=" << k << endl;
}
int sample:: k = 0;
int main ()
{
    sample a( 10 ), b( 20 ), c( 30 ) ;
    a.disp() ;
    b.disp();
    c.disp();
    return 0;
}
```

2. 写出下面程序的运行结果。

```
//exercise4_3_2.cpp
#include<iostream>
using namespace std;
class salary
{
    int sale;
    int price;
    static int total;
public:
    salary( int b):sale( b )
    {  }
    void count( double num )
    {
        price = sale * num;
    }
    static void reset( int p )
    {
        total = p;
    }
    int counttotal()const
    {
        return sale + price + total;
    }
};
int salary::total = 100;
```

```
int main()
{
    salary p1( 1000 ), p2( 2000 );
    p1.count( 0.2 );
    p2.count( 0.15 );
    salary::reset( 400 );
    cout << "p1=" << p1.counttotal() <<" p2=" <<p2.counttotal() << endl;
    return 0;
}
```

3. 写出下面程序的运行结果。

```
//exercise4_3_3.cpp
#include<iostream>
using namespace std;
class AA
{
    int a, b, c;
    static int s;
public:
    AA(int i, int j, int k);
    void PrintNumber();
    int GetSum(AA m);
};
int AA::s = 0;
AA::AA(int i, int j, int k)
{
    a=i;
    b=j;
    c=k;
    s = a + b + c ;
}
void AA::PrintNumber()
{
    cout << a << "," << b << "," << c << endl ;
}
int AA::GetSum(AA m)
{
     return AA::s;
}
int main()
{
    AA m1(2, 3, 4), m2(5, 6, 7);
    m2.PrintNumber();
    cout << m1.GetSum(m1) << "," << m2.GetSum(m2) << endl;
    return 0;
}
```

4. 写出下面程序的运行结果。

```
//exercise4_3_4.cpp
#include<iostream>
using namespace std;
class Student
{
    string name ;
    int score ;
    static int count,sum;
public:
    Student(string name1, int sco);
    void total();
    static double aver();
```

```
};
int Student::count = 0;
int Student::sum = 0;
Student::Student(string name1, int sco)
{
    name = name1;
    score = sco;
}
void Student::total()
{
    sum += score;
    count++;
}
double Student::aver()
{
    return double( Student.sum ) / Student.count;
}
int main()
{
    Student stu[5] = { Student("Zhao",80), Student("Han",89),
          Student("Li",92), Student("Xie",93), Student("Chen",75)};
    for ( int i = 0 ; i<5 ; i++ )
        stu[i].total();
    cout << "Ave=" << Student::aver() << endl ;
    return 0;
}
```

5. 写出下面程序的运行结果。

```
//exercise4_3_5.cpp
#include<iostream>
using namespace std;
class AA
{
    const int a;
    static const int b;
public:
    AA( int i );
    void Print();
    const int &r;
};
const int AA::b = 15;
AA::AA(int i):a( i ), r( a )
{   }
void AA::Print()
{
    cout << a << "," << b << "," << r << endl;
}
int main()
{
    AA a1(10), a2(20);
    a1.Print();
    a2.Print();
    return 0;
}
```

6. 写出下面程序的运行结果。

```
//exercise4_3_6.cpp
#include <iostream>
using namespace std;
class AA
```

```
{
    int a, b;
public:
    AA(int i, int j)
    {
        a = i; b = j;
    }
    void Print()
    {
        cout << "Print(): " << a << "," << b << endl;
    }
    void Print()const
    {
        cout << "Print() const: " << a << "," << b << endl;
    }
};
int main()
{
    AA a1( 5, 8 );
    const AA a2( 9, 17 );
    a1.Print();
    a2.Print();
    return 0;
}
```

7. 写出下面程序的运行结果。

```
//exercise4_3_7.cpp
#include<iostream>
using namespace std;
class B;
class A
{
    int n;
public:
    A( int i )
    {
        n = i;
    }
    int set( B& );
    int get()
    {
        return n;
    }
};
class B
{
    int n;
public:
    B(int i)
    {
        n = i;
    }
    friend A;
};
int A::set( B &b )
{
    return n = b.n;
}
int main()
{
```

```
    A a( 3 );
    B b( 7 );
    cout << a.get() << "," ;
    a.set(b);
    cout << a.get() << endl ;
    return 0;
}
```

8. 写出下面程序的运行结果。

```
//exercise4_3_8.cpp
#include<iostream>
using namespace std;
class Sample
{
    int n;
public:
    Sample()
    { }
    Sample(int m)
    {
        n = m;
    }
    friend Sample square(Sample &s)
    {
        Sample s1;
        s1.n = s.n * s.n;
        return s1;
    }
    void disp()
    {
        cout << "n=" << n << endl ;
    }
};
int main()
{
    Sample a( 10 );
    a = square(a);
    a.disp();
    return 0;
}
```

9. 写出下面程序的运行结果。

```
//exercise4_3_9.cpp
#include <iostream>
using namespace std;
class A
{
public:
    A(int ia, int ib):pi( 3.14)
    {
        ra = ia;
        rb = ib;
    }
    void print()
    {
        cout << ra * rb << endl;
    }
    void print() const
    {
        cout << pi * ra * rb << endl;
```

```
    }
private:
    int ra, rb;
    const double pi;
};
int main()
{
    A obj1( 2, 3 );
    const A obj2(4, 5);
    obj1.print();
    obj2.print();
    return 0;
}
```

四、程序填空题

1. 甲、乙、丙 3 位同学帮忙搬凳子到会议室，每人至少搬 10 个，结果甲搬来 15 个，乙搬来 13 个，请完善程序，输出每人搬凳子数量和会议室凳子总数。输出结果如下。

```
15   38
13   38
10   38
```

程序代码如下。

```
//exercise 4_4_1.cpp
#include<iostream>
using namespace std;
class A
{
private: int x;
public:
    static int s;
    A(int a = 10)
    {
        x = a;
        ______①______ ;
    }
    int getX()
    {
        return x;
    }
};
    ______②______;
int main(void)
{
    A arr[3] = {A( 15 ), A( 13 ) };
    for (int i = 0; i < 3; i++ )
        cout << arr[i].getX() << "   " <<______③______<<endl;
    return 0;
}
```

2. 下面程序片断实现使用 totalweight 来统计总重量。

```
//exercise 4_4_2.cpp
#include<iostream>
using namespace std;
class goods
{
    static int totalweight;
    int weight;
```

```
public:
   goods(int  w)
   {
     weight = w;
    ______①______  //累加重量
   }
   goods(goods &gd)
   {
     weight = gd.weight;
     _____②_____ //累加重量

   }
   ~goods()
   {
       totalweight -= weight;
   }
   static gettotal()
   {
       return totalweight;
   }
};
  _____③_____   // 静态变量赋初始值
```

五、编程题

1. 编写程序：求若干学生某门课的平均成绩。

要求：定义一个 Student 类，其中包括如下内容。

（1）非静态数据成员：double score;　　//存某门课的成绩

（2）静态数据成员：total（总分）和 count（学生人数）；

（3）成员函数：scoreTotal(double s)　　//用于设置分数、求总分和累计学生人数

　　静态成员函数：person()　　//用于返回学生人数

　　静态成员函数：average()　　//用于返回求得的平均分

请给出 Student 类的完整定义，在主函数中定义若干个学生，输出学生人数及课程平均分。

2. 假设圆柱体的高是一个固定值，则体积的大小完全由半径来调整。请定义一个 Cylinder 类，其中有一个常数据成员代表高度，另一个常数据成员代表圆周率值为 3.14159，有一个普通数据成员代表半径。类中需要定义哪些成员函数请自行确定，最终的主函数中要求：定义至少两个圆柱体对象，给定不同的半径和高度，输出对应的体积。

3. 定义一个 Student 类，其中包括如下内容。

（1）数据成员：score（成绩）、两个静态数据成员 total（总分）和 count（学生人数）；

（2）成员函数：scoretotal(double s)　　//用于设置分数、求总分和累计学生人数

　　常成员函数：sum()　　//用于输出总分

　　常成员函数：average()　　//用于输出平均分

请给出 Student 类的完整定义。

4. 有一个学生类 Stu，包括学生姓名、成绩，设计一个友元函数，比较学生成绩的高低，并求出一组学生中的最高分和最低分。

5. 有一个学生类Stu，包括学生姓名、成绩，一个教师类Tea，包括教师姓名、职称。这两个类共用一个友元函数，输出相关信息：学生姓名、成绩、教师姓名、职称。

【本章参考答案】

一、单选题

题号	1	2	3	4	5	6	7	8	9	10	11	12	13
答案	A	A	C	D	B	D	C	D	A	B	D	C	D

二、程序查错、改错

1. ① 第6行改为：A(int a1,int b1):a(a1),b(b1)
   ② 第8行、第9行删除
2. ① 第7行改为：const double PI;
   ② 第9行改为：Circle(double r=0):PI(3.14)
   ③ 第17行删除
3. ① 第13行改为：double Area() const;
   ② 第14行改为：void Print()const;
   ③ 第16行改为：double Circle::Area() const
   ④ 第20行改为：void Circle::Print()　const
4. ① 第12行之前插入友元函数声明：friend void print(Date& d)
   ② 第18行改为：cout<<d.iYear<< "年" << d.iMonth << "月" << d.iDay << "日"<<endl;
   ③ 第22行改为：Date d1(1);

三、读程序写结果

1. 程序运行结果如下。

```
n=10, k=3
n=20, k=3
n=30, k=3
```

2. 程序运行结果如下。

```
p1=1600 p2=2700
```

3. 程序运行结果如下。

```
5,6,7
18,18
```

4. 程序运行结果如下。

```
Ave=85.8
```

5. 程序运行结果如下。

```
10,15,10
20,15,20
```

6. 程序运行结果如下。

```
Print(): 5,8
Print() const: 9,17
```

7. 程序运行结果如下。

```
3,7
```

8. 程序运行结果如下。

```
n=100
```

9. 程序运行结果如下。

```
6
62.8
```

四、程序填空题

1. ① s+=a

   ② int A::s=0

   ③ A::s 或 a rr[i].s

2. ① totalweight += w;或 totalweight += weight;

   ② totalweight += gd.weight;

   ③ int goods::totalweight = 0;

五、编程题

1. 程序代码如下。

```
//exercise4_5_1.cpp
#include<iostream>
using namespace std;
class Student
{
public:
    void scoreTotal(double s)
    {
        score = s;
        count++;
        total += score;
    }
    static int person()
    {
        return count;
     }
    static double average()
     {
            return total / count;
     }
private:
    double score;
    static double total;
    static int count;
};
double Student:: total = 0;
int Student::count = 0;
int main()
{
    Student s[5];
    double sc;
    for (int i = 0;  i < 5; i++)
    {
        cin >> sc;
        s[i].scoreTotal( sc );
    }
    Student t;
    Cin >> sc;
    t.scoreTotal(sc);
```

```
    cout << "students\' number:" << Student::person() << endl;
    cout << " the average is:" << Student::average() << endl;
    return 0;
}
```

2. 程序代码如下。

```
//exercise4_5_2.cpp
#include <iostream>
using namespace std;
class Cylinder
{
      const double high;
      const double PI;
      double r;
public:
      Cylinder(double radius, double h):high( h ), PI( 3.14159 )
      {
          r = radius;
      }
      double Volumn()
      {
          return PI * r * r * high;
      }
};
int main()
{
      Cylinder c1( 1, 10 ), c2( 7.98, 6.05 );
      cout << c1.Volumn() << endl;
      cout << c2.Volumn() << endl;
      return 0;
}
```

3. 程序代码如下。

```
//exercise4_5_3.cpp
class student
{public:
    void scortotal(double sc);
    {  score = sc;
       count++;
       total += score;
    }
    double sum() const
    {
       cout << total;
    }
    double average() const
    {
       cout << total / count;
    }
private:
    double score;
    static double total;
    static double count;
};
double student:: total = 0;
double student:: count = 0;
```

4. 程序代码如下。

```
//exercise4_5_4.cpp
#include<iostream>
#include<string>
```

```
using namespace std;
class Stu
{
    string name;
    double score;
public:
    Stu( string na, double s )
    {
        name = na;
        score = s;
    }
    double Getscore()
    {
        return score;
    }
    friend void Max( Stu S[], int n, int &max, int &min )
    {
        for (int i = 0; i < n ; i++)
            if (S[i].score > S[max].score)
                max = i;
            else if (S[i].score < S[min].score)
                min = i;
    }
};
int main()
{
    Stu Student[10]={Stu("zhang",78), Stu("zhao",89),
                     Stu("qian",99),  Stu("sun",56),
                     Stu("li",65),Stu("zhou",88),Stu("wu",76),
                     Stu("zhen",91),Stu("wang",86),Stu("zhu",97)};
    int max = 0, min = 0;
    Max(Student, 10, max, min);
    cout << Student[max].Getscore() << ";" << Student[min].Getscore()
    cout << endl;
    return 0 ;
}
```

5. 程序代码如下。

```
//exercise4_5_5.cpp
#include<iostream>
#include<string.h>
using namespace std;
class Tea;
class Stu
{
    string name;
    double score;
public:
    Stu(string na, double s)
    {
        name = na ;
        score = s;
    }
    friend void print(const Stu &S,const Tea &T);
};
class Tea
{
    string name, pro;
public:
    Tea(string na, string p)
    {
```

```
        name = na;
        pro = p;
    }
    friend void print(const Stu &S,const Tea &T);
};
void print(const Stu &S,const Tea &T)
{
    cout << "student's name:" << S.name<< "   " << S.score << endl;
    cout << "Teacher's name:" << T.name<< "   " << T.pro << endl;
}
int main()
{
    Stu student( "zhang", 88 );
    Tea teacher( "wang", "Professor" );
    print( student, teacher );
    return 0;
}
```

第5章　继承性

一、判断题

1. 派生类还可以作为基类派生出其他的派生类。（　　）

2. 派生类的构造函数初始化列表中必须包含直接基类构造函数的调用。（　　）

3. 如果基类的构造函数不带参数，则定义一个派生类的对象时，不一定要调用基类的构造函数。（　　）

4. 只有公有派生类才可以认为是基类的子类型，二者之间才存在赋值兼容规则。（　　）

5. 在任何情况下，析构函数的执行顺序总是与构造函数的执行顺序完全相反。（　　）

6. 多重继承派生类的构造函数中执行各个基类的构造函数的顺序取决于各个基类的构造函数在派生类初始化列表中出现的先后次序。（　　）

7. 多重继承的多个平行基类中如果有同名成员，则在派生类中访问该成员时可以通过基类名限定的方法避免二义性。（　　）

8. 派生类中只包含直接基类的成员，不包含间接基类的成员。（　　）

9. 虚基类用于解决多层次多重继承中的二义性问题，其构造函数被其下的各层派生类所包含，故在定义最远派生类对象时，会不止一次地调用虚基类的构造函数。（　　）

10. 根据赋值兼容规则，公有派生类对象可以赋值给基类的引用，这时，通过引用可以调用在派生类中新增加的公有成员函数。（　　）

二、单选题

1. 派生类内新增加的成员函数对其父类成员中________是不可直接访问的。

A. 公有继承的公有成员　　B. 私有继承的公有成员

C. 私有继承的私有成员　　D. 保护继承的保护成员

2. 在多重继承中，如果多个基类都有非私有属性的同名成员，在派生类引用该同名成员时为了消除二义性，通常可以在该同名成员前增加________加以区分。

A. 基类名, B. 基类名; C. 基类名. D. 基类名::

3. 设置虚基类的目的是________。

A. 避免二义性 B. 简化程序

C. 提高程序的运行效率 D. 减少目标代码

4. 以下选项中错误的是________。

A. 派生类可以继承多个基类 B. 可以有多个派生类继承同一个基类

C. 派生类可以有多个虚基类 D. 派生类不可作为基类

5. 下面叙述错误的是________。

A. 派生类默认继承方式为 private 继承

B. 基类公有成员在派生类中属性不变

C. 对基类成员的访问必须无二义性

D. 赋值兼容规则也适用于多重公有继承中

6. 在公有派生方式下，基类非私有成员在派生类中的访问权限________。

A. 均为 public 属性 B. 均为 private 属性

C. 保持不变 D. 不可直接访问

7. 在 main()函数中定义的派生类对象 d 可以用 d.x 的形式访问基类的成员 x，则 x 是________。

A. 公有派生的公有成员 B. 公有派生的私有成员

C. 私有派生的公有成员 D. 私有派生的保护成员

8. 下列定义派生类正确的形式是________。

A. class Y public : X { }; B. class Y : X { };

C. class public：Y X { }; D. class public Y：X { };

9. 下列说法正确的是________。

A. 派生类中可以定义和基类同名的函数

B. 一个派生类不能再作为其他派生类的基类

C. 基类中所有成员函数都能被派生类继承

D. 派生类对基类默认的继承方式是 public 继承

10. 继承具有________，即当基类本身也是某一个类的派生类时，底层的派生类也会自动继承间接基类的成员。

A. 规律性 B. 传递性 C. 重复性 D. 多样性

11. 对基类和派生类的关系描述中，错误的是________。

A. 派生类是基类的特殊化

B. 派生类是基类的延续

C. 派生类是基类的具体化

D. 派生类继承了基类的一切属性，且不能重新定义基类的成员

12. 设类 B 是基类 A 的派生类，并有“A aa, * pa=&aa;　B bb, * pb=&bb;”语句，则正确的语句是________。

A. pb = pa;　　B. bb = aa;　　C. aa = bb;　　D. *pb = *pa;

13. C++语言通过________建立类族。

A. 类的嵌套　　B. 类的继承　　C. 虚函数　　D. 抽象类

三、程序填空题

1. 请在空白处填上适当的内容，使程序能正确运行。

```
//exercise5_3_1.cpp
#include <iostream>
using namespace std;
class Point
{
    ______①______;
public:
    Point(float xx, float yy)
    {
        X = xx;
        Y = yy;
    }
    void Move(float xOff, float yOff)
    {
        X += xOff;
        Y += yOff;
    }
    float GetX()
    {
        return X;
    }
    float GetY()
    {
        return Y;
    }
};
class Rectangle: public Point
{
public:
    Rectangle(float x, float y, float w, float h)  ______②______
    {
        W = w;
        H = h;
    }
    void Move(float xOff, float yOff)
    {
        Point::Move(xOff, yOff);
    }
    float GetX()
    {
        return ______③______
    }
    float GetY()
    {
        return ______④______
    }
    float GetH()
```

```
    {
        ______⑤______
    }
    float GetW()
    {
        ______⑥______
    }
private:
    float W, H;
};
int main()
{
    ______⑦______ rect(5, 8, 25, 15);
    rect.Move(3, 4);
    cout << "The data of rect(X, Y, W, H):" << endl;
    cout << rect.GetX() << "," << rect.GetY() << "," << rect.GetW();
    cout << "," << rect.GetH() << endl;
    return 0;
}
```

2. 请在空白处填上适当的内容，使程序的运行结果如下。

```
b1.geta() = 10
b1.geta() = 20
pb->geta() = 20
((Derived*)pb)->getb() = 30
rb.geta() = 20
```

程序代码如下。

```
//exercise5_3_2.cpp
#include <iostream>
using namespace std;
class Base
{
    int a;
public:
    Base(int x): a(x)
    { }
    int geta()
    {
        return a;
    }
};
class Derived: ______①______
{
    int b;
public:
    Derived(int x, int y): ______②______
    { }
    int getb()
    {
        return b;
    }
};
int  main()
{
    Base b1(10);
    cout << "b1.geta() = " << b1.geta() << endl;
    Derived d1(20, 30);
    ______③______
    cout << "b1.geta() = " << b1.geta() << endl;
```

```
    Base *pb = &d1;
    cout << "pb->geta() = " << pb->geta() << endl;
    cout << "((Derived*)pb)->getb() = " << ______④______ << endl;
    Base &rb ______⑤______;
    cout << "rb.geta() = " << rb.geta() << endl;
    return 0;
}
```

四、读程序写结果

1. 写出下面程序的运行结果。

```
//exercise5_4_1.cpp
#include <iostream>
using namespace std;
class A
{
public:
    int x;
    A()
    {
        x = 5;
    }
    A(int i)
    {
        x = i;
    }
    void Show()
    {
        cout << "x = " << x << '\t' << "of A\n";
    }
};
class B
{
public:
    int y;
    B()
    {
        y = 3;
    }
    B(int i)
    {
        y = i;
    }
    void Show()
    {
        cout << "y = " << y << '\t' << "of B\n";
    }
};
class C: public A, public B
{
public:
    int y;
    C(int a, int b, int c): A(a), B(b)
    {
        y = c;
    }
    void Show()
    {
```

```
        cout << "y = " << y << '\t' << "of C\n";
    }
};
int main()
{
    C  c1(40, 50, 60);
    c1.y = 20;
    c1.Show();
    c1.A::Show();
    c1.B::Show();
    return 0;
}
```

2. 写出下面程序的运行结果。

```
//exercise5_4_2.cpp
#include <iostream>
using namespace std;
class A
{
    int a, b;
public:
    A(int i, int j)
    {
        a = i;
        b = j;
    }
    void move (int x, int y)
    {
        a += x;
        b += y;
    }
    void show()
    {   cout << "(" << a << "," << b << ")" << endl;
    }
};
class B: A
{
    int x, y;
public:
    B(int i, int j, int k, int l): A(i, j)
    {
        x = k;
        y = l;
    }
    void show()
    {
        cout << "(" << x << "," << y << ")" << endl;
    }
    void fun()
    {
        move(3, 5);
    }
    void f1()
    {
        A::show();
    }
};
int main()
{
    A e(1, 2);
```

```
    e.show();
    B d(3, 4, 5, 6);
    d.show();
    d.fun();
    d.f1();
    return 0;
}
```

3. 写出下面程序的运行结果。

```
//exercise5_4_3.cpp
#include <iostream>
using namespace std;
class A
{
public:
    A()
    {
        cout << "A";
    }
    int n;
};
class B: public A
{
public:
    B()
    {
        cout << "B";
    }
};
class C: public B
{
    A  a;
public:
    C()
    {
        cout << "C";
    }
};
int main()
{
    C  c;
    return 0;
}
```

4. 写出下面程序的运行结果。

```
//exercise5_4_4.cpp
#include <iostream>
using namespace std;
class A
{
public:
    int n;
    A(int i)
    {
        n = i;
        cout << "n in A is:" << n << endl;
    }
};
class B: virtual public A
{
```

```
public:
    B(int i): A(i)
    {
        n = i * i;
        cout << "n in B is:" << n << endl;
    }
};
class C: virtual public A
{
public:
    C(int i = 0): A(i)
    {
        n = 2 * i;
        cout << "n in C is:" << n << endl;
    }
};
class D: public B, public C
{
public:
    D(int x): C(x), B(x), A(x)
    {
        n = 3 * x;
        cout << "n in D is:" << n << endl;
    }
};
int main()
{
    D d(20);
    cout << d.A::n << '\t' << d.B::n << '\t' << d.C::n << '\t' << d.n << endl;
    return 0;
}
```

5. 写出下面程序的运行结果。

```
//exercise5_4_5.cpp
#include <iostream>
using namespace std;
class A
{
public:
    int x;
    A( int a = 0)
    {
        x = a;
    }
};
class B:  public A
{
public:
    B( int b=0 ):A(b)
    {
    }
    void show()
    {
        cout << x << endl;
    }
};
class C:  virtual public A
{
public:
    C(int c=0 ): A(c)
```

```
    {
    }
    void show()
    {
        cout << x << endl;
    }
};
class D: public B, public C
{
public:
    D(int d=0): B(d+1), C(d+2)
    {
    }
};
int  main()
{
    D obj(5);
    obj.B::show();
    obj.C::show();
    return 0;
}
```

6. 写出下面程序的运行结果。

```
//exercise5_4_6.cpp
#include<iostream>
using namespace std;
class A
{
protected:
    int x;
public:
    A( int n )
    {
        x = n;
    }
    void print()
    {
        cout << x << endl;
    }
};
class B : public A
{
protected:
    int x;
    A ob;
public:
    B( int m, int n ): ob(m), A(m+1)
    {
        x = n;
    }
    void print()
    {
        ob.print();
        cout << A::x << endl;
        cout << x << endl;
    }
};
int main()
{
    B ex(8, 16);
```

```
    ex.print();
    return 0;
}
```

7. 写出下面程序的运行结果。

```
//exercise5_4_7.cpp
#include <iostream>
using namespace std;
class A
{
public:
    A()
    {
        cout<<'A';
    }
};
class B: virtual public A
{
public:
    B()
    {
        cout<<'B';
    }
};
class C: public B
{
public:
    C()
    {
        cout<<'C';
    }
};
class D
{
public:
    D()
    {    cout<<'D';
    }
};
class E:  public B, virtual public D
{
public:
    E()
    {    cout<<'E';
    }
};
class F:  public C,  public E
{
public:
    F()
    {
        cout<<'F';
    }
};
int  main()
{
    A a;
    cout<<'\n';
    B b;
    cout<<'\n';
```

```
    C c;
    cout<<'\n';
    D d;
    cout<<'\n';
    E e;
    cout<<'\n';
    F f;
    cout<<'\n';
    return 0;
}
```

五、编程题

1. 定义一个矩形类，其中包括如下内容。

（1）保护数据成员： float length, float width; //矩形的长度和宽度

（2）公有成员函数： 构造函数 //初始化矩形长度与宽度

float area() //计算面积

void disp() //显示结果（矩形的面积）

利用矩形类为基类公有派生长方体类，其中包括如下内容。

（1）私有数据成员： float height; //长方体的高

（2）公有成员函数： 构造函数 //初始化长方体的高

float calv() //计算长方体的体积

void disp() //显示底面积以及长方体的体积

在主函数体中，定义长方体对象并检验计算和显示功能。

2. 编写一个求出租车收费的程序。输入起始站、终止站和路程，计费方式是起步价8元，其中含3公里费用，以后每半公里收费0.7元。

可以定义一个Station类，一个Mile类，利用Station类和Mile类为基类公有派生Cost类。编写程序实现在Cost类中的构造函数Cost()和void disp()函数功能，并在主函数中生成Cost类的对象（"仙林"，"模范马路"，23.8），同时显示完整的信息。

编程提示：

Station类，其中包括如下内容。

（1）保护数据成员： string from //表示起始地名

string to //表示目标地名

（2）公有成员函数： 构造函数 //提供起始和目标地名

函数void disp() //显示起止地名

Mile类，其中包括如下内容。

（1）保护数据成员： double mile //表示两地之间距离，用里程数表示

（2）公有成员函数： 构造函数 //提供两地之间的距离

函数void disp() //显示里程数

Cost类，从Station类和Mile类公有继承，其中包括如下内容。

（1）私有数据成员： double price //两地之间打车的总费用

（2）公有成员函数：构造函数　　　　　　　　//调用基类构造函数并计算费用
函数 void disp()　　　　　　//显示总费用

主函数中定义一个或多个 Cost 类的对象，并调用相应函数输出所有信息，包括两地的地名、里程、总费用。

【本章参考答案】

一、判断题

题号	1	2	3	4	5	6	7	8	9	10
答案	√	×	×	√	√	×	√	×	×	×

二、单选题

题号	1	2	3	4	5	6	7	8	9	10	11	12	13
答案	C	D	A	D	B	C	A	B	A	B	D	C	B

三、程序填空题

1. ① float X, Y
   ② :Point(x, y)
   ③ Point::GetX();
   ④ Point::GetY();
   ⑤ return H;
   ⑥ return W;
   ⑦ Rectangle
2. ① public Base
   ② Base(x), b(y)
   ③ b1 = d1;
   ④ ((Derived*)pb)->getb()或 d1.getb()
   ⑤ =d1

四、读程序写结果

1. 程序运行结果如下。

```
y = 20  of C
x = 40  of A
y = 50  of B
```

2. 程序运行结果如下。

```
(1,2)
(5,6)
(6,9)
```

3. 程序运行结果如下。

```
ABAC
```

4. 程序运行结果如下。

```
n in A is:20
```

```
n in B is:400
n in C is:40
n in D is:60
60      60      60      60
```

5. 程序运行结果如下。

```
6
0
```

6. 程序运行结果如下。

```
8
9
16
```

7. 程序运行结果如下。

```
A
AB
ABC
D
ADBE
ADBCBEF
```

五、编程题

1. 程序代码如下。

```
//exercise5_5_1.cpp
#include <iostream>
using namespace std;
class Rectangle
{
protected:
    float length, width;
public:
    Rectangle(float l, float w)
    {
        length = l;
        width = w;
    }
    float area()
    {
        return length * width;
    }
    void disp()
    {
        cout << "area = " << area() << endl;
    }
};
class Cub: public Rectangle
{
private:
    float height;
public:
    Cub(float l, float w, float h): Rectangle(l, w)
    {
        height = h;
    }
    float calv()
    {
        return area() * height;
    }
```

```
    void disp()
    {
        Rectangle::disp();
        cout << "volumn = " << calv() << endl;
    }
};
int main()
{
    Rectangle r(10, 8);
    cout << "the area of rectangle r is:\n";
    r.disp();
    Cub c(20, 15, 30);
    cout << "the area and volumn of cub c is:\n";
    c.disp();
    return 0;
}
```

2. 程序代码如下。

```
//exercise5_5_2.cpp
#include<iostream>
#include <string>
using namespace std;
const double Base = 8.0;
const double PerPrice = 0.7;
class  Station
{
protected:
    string from;
    string to;
public:
    Station( string f, string t )
    {
        from = f;
        to = t;
    }
    void disp()
    {
        cout << "from " << from << " to " << to << endl;
    }
};
class Mile
{
protected:
    double mile;
public:
    Mile( double m = 0 )
    {
        mile = m;
    }
    void disp()
    {
        cout << " is " << mile << " kilometer. \n";
    }
};
class Cost: public Station, public Mile
{
    double  price;
public:
```

```
    Cost( string f, string t, double m=0 ): Station(f, t), Mile(m)
    {
        if (m <= 3)
            price = Base;
        else
            price = Base + int((m - 3) / 0.5) * PerPrice;
    }
    void disp()
    {
        cout << " price = " << price << "元" << endl;
    }
};
int main()
{
    Cost p("仙林", "模范马路", 23.8);          //生成对象并显示全部数据
    p.Station::disp();
    p.Mile::disp();
    p.disp();
    Cost p2("龙江小区", "凤凰西街", 2.7);      //生成对象并显示全部数据
    p2.Station::disp();
    p2.Mile::disp();
    p2.disp();
    return 0;
}
```

第6章　多态性

一、判断题

1. 运算符重载可以改变运算符的个数。（　　）
2. 运算符重载不可以改变优先级。（　　）
3. “::”运算符在C++语言中不能重载。（　　）
4. 静态联编所支持的多态性称为静态多态性。（　　）
5. “+=”运算符在C++语言中不能重载。（　　）
6. “[ ]”运算符在C++语言中不能通过友元函数重载。（　　）
7. 析构函数不能是虚函数。（　　）
8. “=”运算符在C++语言中重载后不能在派生类中继承。（　　）
9. 在基类中被声明为虚函数的类的成员函数必须在每个派生类中用 virtual 声明为虚函数，才能具有多态的特征。（　　）
10. 用指针或引用调用虚函数与通过对象访问虚函数没有区别。（　　）
11. 用于在对象消失时执行一些清理任务的函数叫虚函数。（　　）
12. 抽象类是指具有纯虚函数的类。（　　）
13. 一个基类是抽象类，该基类的派生类一定不再是抽象类。（　　）
14. 抽象类只能作为基类来使用，其纯虚函数的实现由派生类给出。（　　）

15. 如果派生类的成员函数的原型与基类中被定义为虚函数的成员函数原型相同，那么，这个函数自动继承基类中虚函数的特性。 (　　)

二、单选题

1. 下列运算符中，________运算符在 C++语言中不能重载。

A. ?:　　B. +　　C. --　　D. <=

2. 下列运算符中，________运算符在 C++语言中不能重载。

A. &&　　B. [ ]　　C. ::　　D. new

3. 静态多态性可以通过________实现。

A. 虚函数和指针　　B. 函数重载和运算符重载

C. 虚函数和对象　　D. 虚函数和引用

4. 下列函数中，________不能重载。

A. 成员函数　　B. 非成员函数　　C. 析构函数　　D. 构造函数

5. 系统在调用重载函数时，往往根据一些条件确定哪个重载函数被调用，在下列选项中，不能作为依据的是________。

A. 参数的个数　　B. 参数的类型　　C. 参数的顺序　　D. 函数的返回值类型

6. 下列关于动态联编的描述中，________是错误的。

A. 动态联编是以虚函数为基础的

B. 动态联编是在运行时确定所调用的函数代码的

C. 动态联编需要通过基类的指针或引用实现

D. 动态联编是在编译时确定操作函数的

7. 关于虚函数的描述中，________是正确的。

A. 虚函数是一个 static 类型的成员函数

B. 虚函数是一个非成员函数

C. 基类中说明了虚函数后，派生类中对应的函数可不必再用 virtual 进行声明

D. 派生类的虚函数与基类的虚函数具有不同的参数个数和类型

8. 下列描述中，________是抽象类的特性。

A. 可以说明虚函数　　B. 可以进行构造函数重载

C. 可以定义友元函数　　D. 不能定义该类的对象

9. ________是一个在基类中说明的虚函数，它在该基类中没有定义，但要求任何派生类都必须定义自己的实现版本。

A. 虚析构函数　　B. 虚构造函数　　C. 纯虚函数　　D. 静态成员函数

10. 如果一个类至少有一个纯虚函数，那么就称该类为________。

A. 抽象类　　B. 虚基类　　C. 派生类　　D. 以上都不对

11. 假定要对类 AB 定义加号运算符重载成员函数，实现两个 AB 类对象的加法，并返回相加结果，则该成员函数的声明语句为________。

A. AB operator+(AB & a , AB & b) ;

B. AB operator+(AB & a);

C. operator+(AB a) ;

D. AB & operator+();

12. 下面________是对虚函数的正确描述。

A. 虚函数不能是友元函数　　B. 构造函数可以是虚函数

C. 析构函数不可以是虚函数　　D. 虚函数可以是静态成员函数

13. 不能用友元函数重载的运算符是________。

A. +　　B. --　　C. =　　D. <=

14. 要实现动态联编，下列________不是必备的。

A. 公有继承　　B. 虚函数

C. 基类的指针或引用　　D. 虚基类

15. 假定要对类 AB 定义加号运算符重载为友元函数，实现两个 AB 类对象的加法，并返回相加结果，则该函数的声明语句为________。

A. friend AB operator+(const AB & a , const AB & b);

B. friend operator+(AB a) ;

C. friend AB operator+(AB & a) ;

D. friend AB & operator+();

三、程序填空题

1. 在下面程序横线处填上适当的语句，使其输出结果为：0 56 56。

```
//exercise6_3_1
#include <iostream>
using namespace std;
class base
{ public:
    _____①_____func()
    {   return 0;
    }
};
class derived:public base
{ public:
    int a,b,c;
   _____②_____setValue(int x,int y,int z)
    {   a=x;
        b=y;
        c=z;
    }
    int func()
    {   return(a+b)*c;
    }
};
int main()
{   base b;
    derived d;
    cout<<b.func()<< ' ' ;
    d.setValue(3,5,7);
```

```
    cout<<d.func()<< ' ' ;
    base& pb=d;
    cout<<pb.func()<<endl;
    return 0;
}
```

2. 用友元函数重载 Point 类的双目运算符“+”（两种版本重载）。

```
//exercise6_3_2.cpp
#include<iostream>
using namespace std;
class Point
{
    unsigned x,y;
public:
    Point(______①______)
    {
        this->x=x;
        this->y=y;
    }
    void print()
    {
        cout<<"Point("<<x<<","<<y<<")"<<endl;
    }
    friend Point ______②______(const Point &pt, int nOffset);
    friend Point operator+(const Point &pt1, const Point &pt2);
};
Point ______③______(const Point &pt, int nOffset)
{
    Point ptemp=pt;
    ptemp.x+=nOffset;
    ptemp.y+=nOffset;
    return ptemp;
}
Point operator+(const Point &pt1, const Point &pt2)
{
    return ____________④____________;
}
int main()
{
    Point  pt1(10,20),pt2;
    pt1.print();
    pt2.print();
    pt2=pt1+3;
    pt2.print();
    pt1=pt1+pt2;
    pt1.print();
    return 0 ;
}
```

3. 用成员函数重载 Point 类的前置“++”和双目运算符“-”。

```
//exercise6_3_3.cpp
#include<iostream>
using namespace std;
class Point
{
    unsigned x,y;
public:
    Point(________①________)
    {
```

```
        this->x=x;
        this->y=y;
    }
    void print()
    {
        cout<<"Point("<<x<<","<<y<<")"<<endl;
    }
    Point operator++();
    Point operator-(const Point &pt);
};
Point Point::operator++()
{
    ++x;
    ++y;
    return ______②______;
}
__________________③__________________
{
    return Point(x-pt.x,y-pt.y);
}
int main()
{
    Point  pt1(10,20),pt2(5,2);
    pt1.print();
    pt2.print();
    ______④______;                  //pt2 做自增运算
    pt2.print();
    pt1=pt1-pt2;
    pt1.print();
    return 0 ;
}
```

4. 补充程序，通过抽象类 Student 的指针 s 实现动态多态性，得到如下的程序运行结果。

```
Zhang  101  true
li  Y18010103  computer science
```

程序代码如下。

```
//exercise6_3_4.cpp
#include<iostream>
#include<string>
using namespace std;
class Student                               //定义基类学生类
{
protected:
    string name;
    string id;
public:
    Student(string sname,string sid)
    {
        name = sname ;
        id = sid ;
    }
    ________①________;                       //定义一个纯虚函数
};
class Pupil: public Student                 //定义派生类小学生类
{    bool three_good;                       //布尔型变量，是否为三好学生
```

```
public:
    Pupil(string sname,string sid,bool b):_____②_____
    {       three_good =b;
    }
    void study()
    {
        cout<<name<<"  "<<id<<"  "<< boolalpha<<three_good <<endl;
    }
};
class Postgraduate:_____③_____          //定义派生类研究生类
{
    string major;                        //专业
public:
    Postgraduate(string sname,string sid,
                string c):Student(sname,sid)
    {   _____④_____;                     //初始化新增数据成员 major
    }
    void study()
    {   cout<<name<<"  "<<id<<"  "<< major<<endl;
    }
};
int main()
{
    Student *s;
    Pupil p("Zhang","101",true);
    Postgraduate pd("li","Y18010103","computer science");
    s=&p;
    s->study();
    _____⑤_____;                         //s 指针重新指向研究生类的对象
    s->study();
    return 0;
}
```

四、读程序写结果

1. 写出下面程序的运行结果。

```
//exercise6_4_1.cpp
#include<iostream>
using namespace std;
class A
{
public:
    virtual void who()
    {
        cout<<"who in A"<<endl;
    }
};
class B
{
public:
    void who()
    {
        cout<<"who in B"<<endl;
    }
};
class C:public A,public B
{public:
```

```
    void who()
    {
        cout<<"who in C"<<endl;
    }
};
void Fun1(A &f)
{   f.who();
}
void Fun2(B &m)
{   m.who();
}
int main()
{
    C obj;
    Fun1(obj);
    Fun2(obj);
    return 0;
}
```

2. 写出下面程序的运行结果。

```
//exercise6_4_2.cpp
#include<iostream>
using namespace std;
class base
{public:
    virtual void f1()
    {   cout << "B ";
    }
    virtual void f2()
    {   cout << "B ";
    }
};
class derive:public base
{public:
    void f1()
    {   cout << "D ";
    }
    void f2 ( int x=0 )
    {   cout << "D ";
    }
};
int main()
{
    base bb, *p = &bb;
    p->f1();
    p->f2();
    derive dd;
    p = &dd;
    p->f1();
    p->f2();
    return 0;
}
```

3. 写出下面程序的运行结果。

```
//exercise6_4_3.cpp
#include <iostream>
using namespace std;
class base
{
public:
```

```
    virtual int fun(void)const
    {   cout<<"base::fun"<<endl;
        return 10;
    }
};
class divide:public base
{
public:
    int fun(void)const
    {   cout<<"divide::fun"<<endl;
        return 20;
    }
};
int main(void)
{
    divide d;
    base * b1=&d;
    base & b2=d;
    base b3;
    b1->fun();
    b2.fun();
    b3.fun();
    return 0;
}
```

4. 写出下面程序的运行结果。

```
//exercise6_4_4.cpp
#include <iostream>
using namespace std;
class test
{   int i;
    float f;
    char ch;
public:
    test(int a, float b, char c):i(a),f(b),ch(c)
    {       }
    friend ostream &operator << (ostream & stream, const test& obj);
};
ostream &operator<<(ostream &stream, const test& obj)
{
    stream<<obj.i<<","<<obj.f<<","<<obj.ch<<endl;
    return stream;
}
int main()
{
    test B(45,8.5,'W');
    cout<<B;
    return 0;
}
```

五、编程题

1. 设计并实现一个时间类 time，用来表示 24 小时制的时间。它含有如下成员。

（1）私有 int 数据成员：hour、minute 和 second，分别表示时、分、秒。

（2）构造函数：对 hour、minute 和 second 完成初始化，默认都为 0。

（3）display()函数：该函数无返回值，其功能是输出对象表示的时间，即数据成员 hour、

minute、second 的值。

（4）用成员函数重载前置“++”运算符，实现时间增加一秒的功能；以友元函数重载等于运算符“==”，判断两个时间是否相等。

main()函数代码如下。

```
int main()
{
    time t1( 18, 59, 59 ),t2(19,0,0);
    t1.display();
    t2.display();
    ++t1;
    t1.display();
    if (t1==t2)
      cout<<"the same time.\n";
    else
      cout<<"the different time.\n";
    return 0;
}
```

2. 定义矩形类 Rect，包含数据成员 int length, width；定义构造函数，用于显示长、宽、面积的 disp 函数，以成员函数重载“，”运算符和“+”运算符。主函数定义类的对象，并测试这两个运算符函数，及时输出相应对象的信息。

3. 编写程序：大学里有学生、职员、教师和在职读书的教师这样几类人员。首先定义一个抽象类 Person，其中有表示姓名的数据成员，以及一个用于显示人员信息的纯虚函数 Print。然后定义各派生类，学生类中增加数据成员表示专业；职员类中增加数据成员表示工作部门；教师类在职员类的基础上增加数据成员表示所教授的课程；在职读书的教师类中不需要增加数据成员。所以 Person 的派生类中请给出函数 Print()的定义。各类的继承关系如图 3-1 所示。程序的运行结果以及 main()函数都已经给出，请写出完整的程序代码。

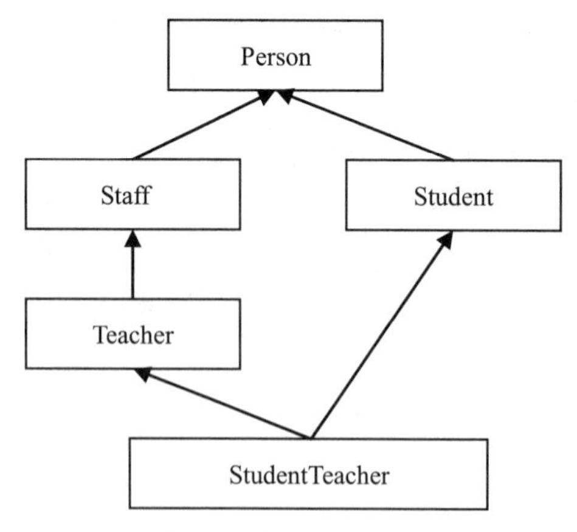

图 3-1　类继承关系图

程序运行结果如下。

```
Name:Mike
Major:software Engineering
Name:Jason
Department:Management
```

```
Name:Tim
Department:Computer
Lesson:C++
Name:Sam
Major:Computer Application
Department:Computer
Lesson:C++
```

main()函数代码如下。

```
int main()
{
   Student stu("Mike","software Engineering");
   Staff sta("Jason","Management");
   Teacher t("Tim","Computer","C++");
   StudentTeacher st("Sam","Computer Application","Computer","C++");
   stu.Print();
   sta.Print();
   t.Print();
   st.Print();
   return 0;
}
```

4. 编写程序：计算正方体、球体和圆柱体的表面积和体积（利用纯虚函数与抽象类）。

设计思路：

（1）公共基类：container，为公共基类

（2）成员函数：surface_area()　　//求表面积

　　　　　　　volume()　　//求体积

（3）数据成员：radius

（4）派生类：cube，sphere，cylinder

【本章参考答案】

一、判断题

题号	1	2	3	4	5	6	7	8	9	10	11	12	13	14	15
答案	×	√	√	√	×	√	×	√	×	×	×	√	×	√	√

二、单选题

题号	1	2	3	4	5	6	7	8	9	10	11	12	13	14	15
答案	A	C	B	C	D	D	C	D	C	A	B	A	C	D	A

三、程序填空题

1. ① virtual　int

　② void

2. ① unsigned x=0, unsigned y=0

　② operator +

　③ operator +

　④ Point(pt1.x+pt2.x,pt1.y+pt2.y)

3. ① unsigned x=0, unsigned y=0
   ② *this
   ③ Point Point::operator-(const Point &pt)
   ④ ++pt2
4. ① virtual void study()=0
   ② Student(sname,sid)
   ③ public Student
   ④ major = c
   ⑤ s=&pd

四、读程序写结果

1. 程序运行结果如下。

```
who in C
who in B
```

2. 程序运行结果如下。

```
B B D B
```

3. 程序运行结果如下。

```
divide::fun
divide::fun
base::fun
```

4. 程序运行结果如下。

```
45,8.5,W
```

五、编程题

1. 程序代码如下。

```
//exercise6_5_1.cpp
#include <iostream>
using namespace std;
class time
{
private:
    int hour, minute,second;
public:
    time(int h=0, int m=0, int s=0) ;
    void display ()
    {
        cout<<hour<<":"<<minute<<":"<<second<<endl;
    }
    time operator++();
    friend bool operator ==(const time &t1,const time &t2);
};

time::time(int h, int m, int s):hour(h),minute(m),second(s)
{    }
time time::operator++()
{
    second++;
    if ( second == 60 )
    {
        second = 0;
        minute++;
```

```
        if ( minute == 60 )
        {
            minute = 0;
            hour++;
            if ( hour == 24 )
            hour = 0;
        }
    }
    return *this;
}
bool operator ==(const time &t1,const time &t2)
{
    return t1.hour==t2.hour && t1.minute == t2.minute &&
           t1.second == t2.second ;
}
int main()
{
    time t1( 18, 59, 59 ),t2(19,0,0);
    t1.display();
    t2.display();
    ++t1;
    t1.display();
    if (t1==t2)
       cout<<"the same time.\n";
    else
       cout<<"the different time.\n";
    return 0;
}
```

2. 程序代码如下。

```
//exercise6_5_2.cpp
#include <iostream>
using namespace std;
class Rect
{
    int length,width;
public:
    Rect(int l=0,int w=0);
    void disp();
    Rect operator,(Rect r);           //以成员函数重载“,”运算符
    Rect operator+ (Rect r);          //以成员函数重载“+”运算符
};
Rect::Rect(int l,int w):length(l),width(w)
{  }
void Rect::disp()
{
    cout<<"长: "<<length<<"  宽: "<<width
    <<"  面积: "<<length*width<<endl;
}
Rect Rect::operator,(Rect r)          //以成员函数重载“,”运算符
{   return r;
}
Rect Rect::operator+ (Rect r)         //以成员函数重载“+”运算符
{   return Rect(length+r.length,width+r.width);
}
int main()
{
    Rect r1(3,3),r2(5,8),r3(2,4),r4;
```

```
    cout<<"r1:  ";  r1.disp();
    cout<<"r2:  ";  r2.disp();
    cout<<"r3:  ";  r3.disp();
    r4=r2+r3;
    cout<<"r4:  ";  r4.disp();
    r1=(r1,r4,r3);  //相当于 r1=(r1.operatpor,(r4)).operator,(r3)
    cout<<"after r1=(r1,r4,r3), r1:  ";
    r1.disp();
    return 0;
}
```

3. 程序代码如下。

```
//exercise6_5_3.cpp
#include <iostream>
#include <string>
using namespace std;
class Person
{
public:
    Person(string n);
    virtual void Print()=0;
protected:
    string name;
};
class Student: virtual public Person
{
public:
    Student(string n, const string m);
    void Print();
protected:
    string major;
};
class Staff: virtual public Person
{
public:
    Staff(const string n,const string d);
    void Print() ;
protected:
    string dept;
};
class Teacher:public Staff
{
public:
    Teacher(const string n,const string d,const string l);
    void Print();
protected:
    string lesson;
};
class StudentTeacher:public Student,public Teacher
{
public:
    StudentTeacher(const string n,const string m,const string d,const string l);
    void Print() ;
};

Person::Person(const string n)
{   name = n ;
}
Student::Student(const string n, const string m): Person(n)
{   major = m ;
```

```
    }
    void Student::Print()
    {   cout<<"Name:"<<name<<endl;
        cout<<"Major:"<<major<<endl;
    }
    Staff::Staff(const string n,const string d):Person(n)
    {   dept = d ;
    }
    void Staff::Print()
    {
        cout<<"Name:"<<name<<endl;
        cout<<"Department:"<<dept<<endl;
    }
    Teacher::Teacher(const string n,const string d,const string l)
                :Person(n),Staff(n,d)
    {    lesson = l;
    }
    void Teacher::Print()
    {
        Staff::Print();
        cout<<"Lesson:"<<lesson<<endl;
    }
    StudentTeacher::StudentTeacher(const string n,const string m,const string d,
const string  l): Student(n,m),Teacher(n,d,l)
    {   Person=n;
    }
    void StudentTeacher::Print()
    {
        Student::Print();
        cout<<"Department:"<<dept<<endl;
        cout<<"Lesson:"<<lesson<<endl;
    }
    int main()
    {
        Person *p;
        Student stu("Mike","software Engineering");
        Staff sta("Jason","Management");
        Teacher t("Tim","Computer","C++");
        StudentTeacher st("Sam","Computer Application","Computer","C++");
        p=&stu;    p->Print();
        p=&sta;    p->Print();
        p=&t;      p->Print();
        p=&st;     p->Print();
        return 0;
    }
```

4. 程序代码如下。

```
    //exercise6_5_4.cpp
    #include <iostream>
    using namespace std;
    class container
    {
    protected:
        double radius;
    public:
        container(double radius);
        virtual double surface_area()=0;
        virtual double volume()=0;
    };
    class cube:public container
```

```
{
public:
    cube(double radius);
    double surface_area();
    double volume();
};
class sphere:public container
{
public:
    sphere(double radius);
    double surface_area();
    double volume();
};
class cylinder:public container
{
    double height;
public:
    cylinder(double radius,double height);
    double surface_area();
    double volume();
};

container::container(double radius)
{
    this->radius=radius;
}
cube::cube(double radius):container(radius)
{    }
double cube::surface_area()
{
    return radius*radius*6;
}
double cube::volume()
{
    return radius*radius*radius;
}
sphere::sphere(double radius):container(radius)
{ }
double sphere::surface_area()
{
    return 4*3.14159*radius*radius;
}
double sphere::volume()
{
    return 3.14159*radius*radius*radius*4/3;
}
cylinder::cylinder(double radius,double height):container(radius)
{
    this->height=height;
}
double cylinder::surface_area()
{
    return 2*3.14159*radius*(height+radius);
}
double cylinder::volume()
{
    return 3.14159*radius*radius*height;
}
void Print(container* p)
{
```

```
    cout<<p->surface_area()<<" , "<<p->volume()<<endl;
}
int main()
{
   container* p;
   cube obj1(5);
   sphere obj2(5);
   cylinder obj3(5,5);
   p=&obj1;
   cout<<"cube surface_area and volume: ";
   Print(p);
   p=&obj2;
   cout<<"sphere surface_area and volume: ";
   Print(p);
   p=&obj3;
   cout<<"cylinder surface_area: and volume: ";
   Print(p);
   return 0;
}
```

第 7 章　模板

一、单选题

1. 在模板前缀 template<class T>中，对参数 T 的描述正确的是________。
   A. T 必须是一个类
   B. T 必须不是一个类
   C. T 只能是 C++语言中的系统类型
   D. T 可以是任意类型，可以是系统类型，也可以是用户自定义类型
2. 下面选项是模板声明的开始部分，其中正确的是________。
   A. template <T>　　B. template<class T1, T2>
   C. template <class T1, class T2>　　D. template <class T1; class T2>
3. 类模板的模板参数________。
   A. 只可以作为数据成员的类型　　B. 只可作为成员函数的返回类型
   C. 只可以作为成员函数的参数类型　　D. 以上三者皆可
4. 假设定义了如下函数模板，则正确的调用语句是________。

```
template <class T>
T func(T x, T y)
{
   return x*x+y*y;
}
```

   A. func(3, 4)　　B. func< >(3, 4)
   C. func(3, 4, 4)　　D. func<int>(3, 4, 4)
5. 下面的程序段中，有________处错误。

```
template < class T1, T2 >
T2 func( T1 x, y )
```

```
{
    return (x+y);
}
```

A．1　　B．2　　C．3　　D．4

6．假设定义了如下函数模板，有变量定义“int a; double b; char c;”，错误的调用语句是________。

```
template < class T1, class T2 >
void sum(T1 x, T2 y)
{
    cout << (x + y);
}
```

A．sum(a, a)　　B．sum(a, b)　　C．sum(b, c)　　D．sum("abc","ABC")

7．假设定义了如下类模板，则模板类定义正确的是________。

```
template <class T>
class Array
{
    ...
};
```

A．Array arr1(100);

B．Array<T> arr2(100);

C．template<class T>
Array<T> arr3(100);

D．Array<int> arr4(100);

二、读程序写结果

1．在文件exercise7_2_1.h中定义了一个类模板Array。

```
//exercise7_2_1.h
#include<iostream>
using namespace std;
template <class T>
class Array
{
public:
    T& operator[](int);
    const T& operator[](int) const;
    Array(int);
    ~Array();
    int Get_size() const
    {
        return size;
    }
private:
    T* a;
    int size;
    T dummy_val;
};

template <class T>
T & Array<T>::operator[](int i)
{
    if( i<0 || i>=size )
    {
        cout << i << "out of bound";
```

```
        return dummy_val;
    }
    return a[i];
}
template <class T>
const T& Array<T>::operator[ ](int i) const
{
    if( i<0 || i>=size )
    {
        cout << i << "out of bound";
        return dummy_val;
    }
    return a[i];
}
template <class T>
Array<T>::Array(int s)
{    a = new T[ size=s ];
}
template <class T>
Array<T>::~Array()
{
    delete[ ] a;
}
template <class T>
ostream& operator<<( ostream& os, const Array<T>& ar )
{
    for ( int i=0 ; i<ar.Get_size() ; i++ )
        os << ar[i] << "  ";
    os << endl;
    return os;
}
```

（1）下列程序的运行结果是________。

```
#include "exercise7_2_1.h"
int  main()
{
    Array<int>  a(3);
    a[0] = 0;
    a[1] = 1;
    a[2] = 2;
    cout << a;
    return 0;
}
```

（2）下列程序的运行结果是________。

```
#include "exercise7_2_1.h"
int main()
{
    Array<double>  a(3);
    a[0] = 0;
    a[1] = 1.1;
    a[2] = 2.2;
    cout << a;
    return 0;
}
```

2. 写出下面程序的运行结果。

```
//exercise7_2_2.cpp
#include<iostream>
```

```
#define ROW 2
#define COL 2
using namespace std;
template <class T>
void Addmatrix( T A[ROW][COL], T B[ROW][COL], T C[ROW][COL] )
{
    int i, j;
    for ( i=0 ; i<ROW ; i++ )
        for( j=0 ; j<COL ; j++ )
            C[i][j] = B[i][j] + A[i][j];
}
int main()
{
    int A[ROW][COL]={1, 2, 3, 4}, B[ROW][COL]={2, 3, 4, 5}, C[ROW][COL];
    double DA[ROW][COL]={1.1, 2.2, 3.3, 4.4}, DB[ROW][COL]={2.2, 3.3, 4.4, 5.5};
    double DC[ROW][COL];
    int i;
    Addmatrix( A, B, C );
    Addmatrix( DA, DB, DC );
    for ( i=0 ; i<ROW ; i++ )
    {
        for( int j=0 ; j<COL ; j++ )
            cout << C[i][j] << "   ";
        cout << '\n';
    }
    for ( i=0 ; i<ROW ; i++ )
    {
        for( int j=0 ; j<COL ; j++ )
            cout << DC[i][j] << "   ";
        cout << '\n';
    }
    return 0 ;
}
```

3. 写出下面程序的运行结果。

```
//exercise7_2_3.cpp
#include<iostream>
using namespace std;
template <class T>
T total(T *data)
{
    T s = 0;
    while( *data )
        s += *data++;
    return s;
}
int main()
{
    int x[] = {2, 4, 6, 8, 10, 13, 15, 0, 19};
    cout << total(x);
    return 0;
}
```

三、编程题

1. 编写一个对具有 n 个元素的数组 x[]求最大值的程序，要求将求最大值的函数设计成函数模板。

2. 一个 Sample 类模板的私有数据成员为 T n，在该类模板中设计一个 operator==重载运算符函数，用于比较各对象的数据成员 n 是否相等。

【本章参考答案】

一、单选题

题号	1	2	3	4	5	6	7
答案	D	C	D	A	B	D	D

二、读程序写结果

1. 程序运行结果如下。

（1）程序（1）运行结果：

```
0 1 2
```

（2）程序（2）运行结果：

```
0 1.1 2.2
```

2. 程序运行结果如下。

```
3   5
7   9
3.3   5.5
7.7   9.9
```

3. 程序运行结果如下。

```
58
```

三、编程题

1. 程序代码如下。

```
//exercise7_3_1.cpp
#include <iostream>
using namespace std;
template <class T>
T max( T x[ ], int n )
{
    int i;
    T maxvalue = x[0];
    for ( i=1 ; i<n ; i++ )
        if ( maxvalue < x[i] )
            maxvalue = x[i];
    return maxvalue;
}
int main()
{
    int arrayA[ ] = { 5, 8, 2, 9, 1, 7 };
    double arrayB[ ] = { 3.8, 5.8, 2.7, 9.4, 1.6 };
    cout << "arrayA 数组最大值: " << max(arrayA, 6) << endl;
    cout << "arrayB 数组最大值: " << max(arrayB, 5) << endl;
    return 0;
}
```

2. 程序代码如下。

```
//exercise7_3_2.cpp
#include <iostream>
using namespace std;
template <class T>
```

```
class Sample
{
    T n;
public:
    Sample(T i)
    {
        n = i;
    }
    int operator==( Sample & );
};
template <class T>
int Sample<T>::operator==( Sample &s )
{
    if ( n == s.n )
        return 1;
    else
        return 0;
}
int main()
{
    Sample<int> s1(2), s2(3);
    cout << "s1与s2的数据成员" << (s1==s2 ? "相等":"不相等") << endl;
    Sample<double> s3(2.5), s4(2.5);
    cout << "s3与s4的数据成员" << (s3==s4? "相等":"不相等") << endl;
    return 0;
}
```

第8章　C++文件及输入/输出控制

一、判断题

1. C++语言中把数据之间的传输操作称作流。（　　）

2. 在C++语言中，输入流表示数据从内存传送到某个载体或设备中。（　　）

3. 在C++语言程序中当需要进行标准I/O操作时，必须包含名字空间std中的头文件iostream，当进行文件I/O操作时，则必须包含头文件fstream。（　　）

4. 控制输出格式可以用ios类中的有关格式控制的成员函数或操纵符。（　　）

5. cout代表标准输出设备显示器，也称标准输出流。（　　）

6. 将运算符“<<”称为插入运算符，将运算符“>>”称为提取运算符。（　　）

7. C++语言中所有I/O流类都是ios类的派生类。（　　）

8. 如果希望通过使用格式控制操作符来控制输出格式，只需要包含标准名字空间std中的iostream文件。（　　）

9. 字符格式文件（字符文件、ASCII码文件、文本文件）中，每个字节单元的内容为字符的ASCII码。（　　）

10. 对于ifstream流，mode的默认值为ios::in；对于ofstream流，mode的默认值为ios::out。（　　）

11. 在C++语言中，二进制文件与文本文件本质上是相同的，都用01序列存储文件的

内容，对于整数 100，在两种文件中存储的内容完全一样。（　　）

12. 文件不存在、磁盘损坏等原因可能造成打开文件失败。如果打开文件失败后，程序还继续执行文件的读/写操作，将会产生严重错误。在这种情况下，应使用异常处理以提高程序的可靠性。（　　）

13. 流可以分为 3 类，即输入流、输出流以及输入/输出流。（　　）

14. 访问方式 mode 的符号常量可以用位或运算“|”组合在一起，如 ios::in|ios::binary 表示以只读方式打开二进制文件。（　　）

15. 文件操作结束后，是否调用 close()成员函数进行关闭文件操作并不影响数据读写的正确性。（　　）

二、单选题

1. ________是 IO 流类 iostream 的派生类。

A. fstream　B. ofstream　C. ifstream　D. ostrstream

2. 不是 ostream 类的对象的是________。

A. cin　B. cerr　C. clog　D. cout

3. read 函数的功能是从输入流中读取________。

A. 一个字符　B. 当前字符　C. 一行字符　D. 指定若干个字节内容

4. 消除基数格式位，设置十六进制输出的语句是________。

A. cout<<setf(ios::dec,ios::basefield);　B. cout<<setf(ios::hex,ios::basefield);

C. cout<<setf(ios::oct,ios::basefield);　D. cin>>setf(ios::hex,ios::basefield);

5. 下列格式控制符，在 iostream 中定义的是________。

A. setprecision　B. setfill　C. setw　D. oct

6. 下列格式控制符，在 iomanip 中定义的是________。

A. setw　B. hex　C. oct　D. dec

7. 下列串流类，在 strstream 中定义的是________。

A. istrstream　B. ostringstream　C. istringstream　D. fstream

8. 常用的输出流成员函数是________。

A. get　B. put　C. read　D. getline

9. 不是 C++语言的流类库预定义的流的对象是________。

A. cin　B. cerr　C. clog　D. write

10. 包含类 fstream 定义的头文件是________。

A. ofstream　B. fstream　C. ifstream　D. iostream

11. 打开文件 D:\file.txt，可以读入数据，正确的语句是________。

A. ifstream infile("D:\file.txt",ios::in);

B. ifstream infile("D:\\file.txt",ios::in);

C. ofstream infile("D:\file.txt",ios::out);

D. fstream infile("D:\\file.txt",ios::in|ios::out);

12. float data，以二进制方式将 data 的数据写入输出文件流类对象 outfile 中去，下列正确的语句是________。

A. outfile.write((float *)&data,sizeof(float));

B. outfile.write((float *)&data,data);

C. outfile.write((char *)&data,sizeof(float));

D. outfile.write((char *)&data,data);

三、程序填空题

1. 下面程序的功能是从 d:\abc.txt 文件中挨个读取字符，将小写字母转化为对应的大写字母输出，其他字符原样输出。

```
//exercise8_3_1.cpp
#include <____①____>
#include <iostream>
using namespace std;
int main()
{
    ____②____   ifile("d:\\abc.txt");
    if(!ifile)
    {
        cout<<"abc.txt cannot be openned!"<<endl;
        return 1;
    }
    char ch;
    while(ifile .get(ch))
    {
        if ( ch >='a' && ch <='z' )
            ____③____ ;
        cout << ch;
    }
    ____④____;
    return 0;
}
```

2. 下列程序实现将当前目录下的文本文件 abc.txt 的内容复制到文本文件 xyz.txt 中去。

```
//exercise8_3_2.cpp
____①____
#include <iostream>
using namespace std;
int main()
{
    ____②____;
    if(!ifile)
    {   cout<<"abc.txt cannot be openned!"<<endl;
        exit(1);
    }
    ofstream ofile("xyz.txt");
    if(____③____)
    {   cout<<"xyz.txt cannot be openned!"<<endl;
        exit(1);
    }
```

```
    char ch;
    while(ifile .get(ch))
        ____④____;
    ifile. close();
    ofile.close();
    return 0;
}
```

3. 二进制文件 Course.dat 中存储了若干条记录，每条记录包括课程名与对应选课人数这两项信息。下列程序实现读出二进制文件的内容，并在屏幕上显示所有记录。

```
//exercise8_3_3.cpp
#include<iostream>
#include<fstream>
using namespace std;
______①______
{
    char courseName[20];
    int numOfStudent;
};
int main()
{
    Course c[5];
    ____②____;
    ifstream in("course.dat");
    if (!in)
    {
        cout<<"open  file failure\n";
        return -1;
    }
    __________③__________;
    while (!in.eof())
    {
        cout<<c[i].courseName<<"   "<<c[i].numOfStudent<<endl;
        ____④____;
        in.read( (char *)&c[i] , sizeof(Course)) ;
    }
    in.close();
    return 0;
}
```

四、读程序写结果

1. 写出下面程序的运行结果。

```
//exercise8_4_1.cpp
#include <iostream>
#include <iomanip>
using namespace std;
void print(float a[],int count,int width);
int main()
{
    float f[2]={1.0f,10.0f};
    cout<<"Default numeric format:"<<endl;
    print(f,2,10);
    cout<<"Setting ios::showpoint:"<<endl;
    cout.setf(ios::showpoint);
```

```
    print(f,2,10);
    cout.unsetf(ios::showpoint);
    cout<<"Setting ios::scientific:"<<endl;
    cout.setf(ios::scientific);
    print(f,2,10);
    cout.unsetf(ios::scientific);
    return 0;
}
void print(float a[],int count,int width)
{
    for(int i=0;i<count;i++)
    {
        cout.width(width);
        cout<<a[i]<<endl;
    }
}
```

2. 写出下面程序的运行结果。

```
//exercise8_4_2.cpp
#include <iostream>
using namespace std;
int main()
{
    int n=123;
    double d=1234.5678;
    char* s="sd";
    cout.setf(ios::hex);
    cout.precision(10);
    cout.width(10);
    cout.fill('*');
    cout<<n<<endl;
    cout<<d<<endl;
    cout<<s<<endl;
    cout.unsetf(ios::hex);
    cout.precision(6);
    cout.width(8);
    cout<<n<<endl;
    cout<<d<<endl;
    cout<<s<<endl;
    return 0;
}
```

3. 写出下面程序的运行结果。

```
//exercise8_4_3.cpp
#include <iostream>
using namespace std;
int main()
{
    int n=123;
    double d=1234.5678;
    char* s="sd";
    cout.setf(ios::hex);
    cout.precision(10);
    cout.width(10);
    cout.fill('*');
    cout<<n<<endl;
    cout<<d<<endl;
    cout<<s<<endl;
```

```
    cout.unsetf(ios::hex);
    cout.precision(6);
    cout.width(8);
    cout<<n<<endl;
    cout<<d<<endl;
    cout<<s<<endl;
    return 0;
}
```

4. 写出下面程序的运行结果。

```
//exercise8_4_4.cpp
#include <iostream>
using namespace std;
class Sample
{
    int x,y;
public:
    Sample(int m,int n):x(m),y(n)
    {   }
    friend ostream & operator <<(ostream & stream,const Sample &s)
    {   stream<<"x="<<s.x<<",y="<<s.y<<endl;
        return stream;
    }
};
int  main()
{
    Sample A(1,2),B(3,4);
    cout<<A<<B;
    return 0;
}
```

5. 写出下面程序的运行结果。

```
//exercise8_4_5.cpp
#include <fstream>
#include <iostream>
using namespace std;
struct Date
{   int month,day,year;
} ;
int main()
{
    Date date={10,5,2020},output;
    ofstream ofile("data.dat",ios::binary);
    ofile.write((char*)&date,sizeof(date));
    ofile.close();
    ifstream ifile("data.dat",ios::binary);
    ifile.read((char*)&output,sizeof(output));
    cout<<output.month<<"/"<<output.day<<"/"<<output.year<<endl;
    ifile.close();
    return 0;
}
```

五、编程题

1. 编写程序：定义一个日期类，包括年、月、日数据成员，用友元重载提取运算符和插入运算符，主函数中定义对象，键盘输入具体日期，然后以“月/日/年”的形式输出。

2. 编写程序：从键盘输入一行字符（最多 50 个字符，可以包含空格' '），并将这串字符进行加密。加密算法是：每个字符的 ASCII 码依次加上 18，并在 32(' ') ～122('z')之间做模运算（即：某字符加上 18 超过'z'，超过的部分就从空格' '处，重新计算），最后将得到的密文保存到 d:\cipher.txt 中。

例如，字符'a'，ASCII 码值 97，加上 18 为 115，得到字符's'；字符'y'，ASCII 码值 121，加上 18 为 139，超过'z'，则 139-'z'+ ' '=49，得到字符'1'。

3. 编写程序：当前文件夹下存在文本文件 old.txt，现将该文件打开并将该文件中的小写字母字符转换成大写输出到屏幕上，其他字符则复制到同一文件夹下新的文本文件 new.txt 中。

4. 当前路径下的文件 course.txt 中存储的文本信息有 5 条，表示 5 门课的课程名称和选课人数，内容如下。

```
高等数学  203
大学英语   80
大学物理  200
思想政治  208
高级语言程序设计 A 108
```

在 main()函数中定义文件流，读出文件的信息并原样显示在屏幕上。

5. 定义 Course 结构体，包含课程名和选课人数。将第 4 题 course.txt 文件中的信息读到 Course 类型的数组中，然后再将数组的内容写入到二进制文件 Course2.dat 中。

【本章参考答案】

一、判断题

题号	1	2	3	4	5	6	7	8	9	10	11	12	13	14	15
答案	√	×	√	√	√	√	√	×	√	√	×	√	√	√	×

二、单选题

题号	1	2	3	4	5	6	7	8	9	10	11	12
答案	A	A	D	B	D	A	A	B	D	B	B	C

三、程序填空题

1. ① fstream

   ② ifstream

   ③ ch-=32

   ④ ifile.close()

2. ① #include <fstream>

   ② ifstream ifile("abc.txt")

③ !ofile

④ ofile.put(ch)

3. ① struct Course

② int i=0

③ in.read((char *)&c[i] , sizeof(Course))

④ i++

四、读程序写结果

1. 程序运行结果如下。

```
Default numeric format:
         1
        10
Setting ios::showpoint:
  1.00000
  10.0000
Setting ios::scientific:
1.000000e+000
1.000000e+001
```

2. 程序运行结果如下。

```
*******123
1234.5678
sd
*****123
1234.57
sd
```

3. 程序运行结果如下。

```
*******123
1234.5678
****173
1234.568
```

4. 程序运行结果如下。

```
x=1,y=2
x=3,y=4
```

5. 程序运行结果如下。

```
10/5/2020
```

五、编程题

1. 程序代码如下。

```
//exercise8_5_1.cpp
#include<iostream>
#include<fstream>
using namespace std;
class Date
{
    int year,month,day;
    friend istream& operator >>(istream &inp,Date &d);
    friend ostream& operator <<(ostream &out,const Date &d);
};
istream& operator >>(istream &inp,Date &d)
{
    inp>>d.year>>d.month>>d.day;
```

```
    return inp;
}
ostream& operator <<(ostream &out,const Date &d)
{
    out<<d.month<<"/"<<d.day<<"/"<<d.year<<endl;
    return out;
}
int main()
{   Date d;
    cin>>d;
    cout<<d;
    return 0;
}
```

2. 程序代码如下。

```
//exercise8_5_2.cpp
#include <fstream>
#include <iostream>
#include <cstring>
using namespace std;
void encode(char *s)
{
    ofstream out("d:\\cipher.txt") ;
    int len=strlen(s);
    for(int i=0;i<len;i++)
    {
        s[i]=s[i]+18;
        if(s[i]>'z')
            s[i]=s[i]-'z'+' ';
    }
    out.write(s,len);
    out.close();
}
int main()
{
    char str[50];
    cin.getline(str,50);
    encode(str);
    return 0;
}
```

3. 程序代码如下。

```
//exercise8_5_3.cpp
#include <iostream>
#include <fstream>
using namespace std;
int main()
{
    ifstream ifile("old.txt");
    ofstream ofile("new.txt");
    if(!ifile||!ofile)
    {
        cout<<" cannot be openned!"<<endl;
        exit(0);
    }
    char ch;
    while (ifile.get(ch))
      if (ch>='a'&&ch<='z')
```

```
        {
          ch-=32;
          putchar(ch);
        }
        else
          ofile.put(ch);
    ifile.close();
    ofile.close();
    return 0;
}
```

4. 程序代码如下。

```
//exercise8_5_4.cpp
#include<iostream>
#include<fstream>
using namespace std;
int main()
{
    ifstream in("course.txt");
    if (!in)
    {
        cout<<"error";
        return -1;
    }
    char str[100];
    in.getline(str,100);
    while(!in.eof())
    {
        cout<<str<<endl;
        in.getline(str,100);
    }
    in.close();
    return 0;
}
```

5. 程序代码如下。

```
//exercise8_5_5.cpp
#include<iostream>
#include<fstream>
using namespace std;
struct Course
{
    char courseName[20];
    int numOfStudent;
};
int main()
{
    Course c[5];
    int i=0;
    ifstream in("course.txt");
    if (!in)
    {
        cout<<"open sourse file failure\n";
        return -1;
    }
    while(!in.eof())
    {
        in>>c[i].courseName>>c[i].numOfStudent;
```

```
        i++;
    }
    in.close();
    ofstream out("course2.dat");
    if (!out)
    {
        cout<<"open destination file failure\n";
        return -1;
    }
    out.write( (char *)c , sizeof(Course) * i ) ;
    out.close();
    return 0;
}
```

第四部分 实验指导

Microsoft Visual Studio 2010 集成开发环境的使用

一、Microsoft Visual Studio 2010 简介

集成开发环境（IDE）是一个将程序编辑器、编译器、链接器、调试工具和其他建立应用程序的工具集成在一起的用于开发应用程序的软件系统，为程序员提供了从源程序的编辑到最后的运行的整个环境，通常集成开发环境（IDE）还为程序员提供大量在线帮助信息协助。

Microsoft Visual Studio（简称 VS）是微软公司推出的一个集成开发环境，它是一个基本完整的开发工具集，包括了整个软件生命周期中所需要的大部分工具，如 UML 工具、代码管控工具、集成开发环境（IDE）等。它可以开发 Windows 平台下的应用程序，也可以用于编写网络服务和智能设备应用程序。VS 是目前最流行的 Windows 平台应用程序的集成开发环境。程序员可以在不离开该环境的情况下编辑、编译、调试和运行一个应用程序。

Microsoft Visual Studio 2010 是 2010 年前后推出的一个版本，它支持 C、C++、C#、VB 等多种语言，并能有效提高团队的协作与开发效率。

正如 Windows7 有旗舰版、家庭高级版、家庭初级版一样，VS 2010 也有 5 个子版本：专业版、高级版、旗舰版、学习版和测试版，各版本特点如下。

（1）专业版（Professional）：面向个人开发人员，主要提供集成开发环境、开发平台支持，测试工具等。

（2）高级版（Premium）：相比专业版增加了数据库开发、Team Foundation Server（TFS）、调试与诊断、MSDN 订阅、程序生命周期管理（ALM）。

（3）旗舰版（Ultimate）：面向开发团队的综合性 ALM 工具，相比高级版增加了架构与建模、实验室管理等。

（4）测试专业版（Test Professional）：简化测试规划与人工测试执行的特殊版本，包

含 TFS、ALM、MSDN 订阅、实验室管理、测试工具等。

（5）学习版（Express）：主要面向非专业开发人员，它提供了一个内建在 Windows Presentation Foundation（WPF）中的新的编辑器。

大家可以根据自己的需要以及自己计算机的操作系统环境选择合适的版本。

目前常用的 C++集成开发环境除了 Microsoft Visual Studio 系列，还有 Microsoft Visual C++、dev_Cpp、Code::Blocks、Xcode、Borland C++、Magic C++等。

二、在 VS 2010 集成开发环境下开发 C++程序

1. 启动 VS 2010

单击“开始→程序”，找到“Microsoft Visual Studio 2010”文件夹后，单击其中的“Microsoft Visual Studio 2010”项，如果已在桌面上建立了 VS 2010 的快捷方式，则单击快捷图标启动 VS 2010。

2. 初识 VS 2010 的主界面

VS 2010 其集成开发环境包括了菜单栏、工具条、工作窗口区（解决方案资源管理器）、输出窗口区等，刚启动 VS 2010 时其主窗口如图 4-1 所示。

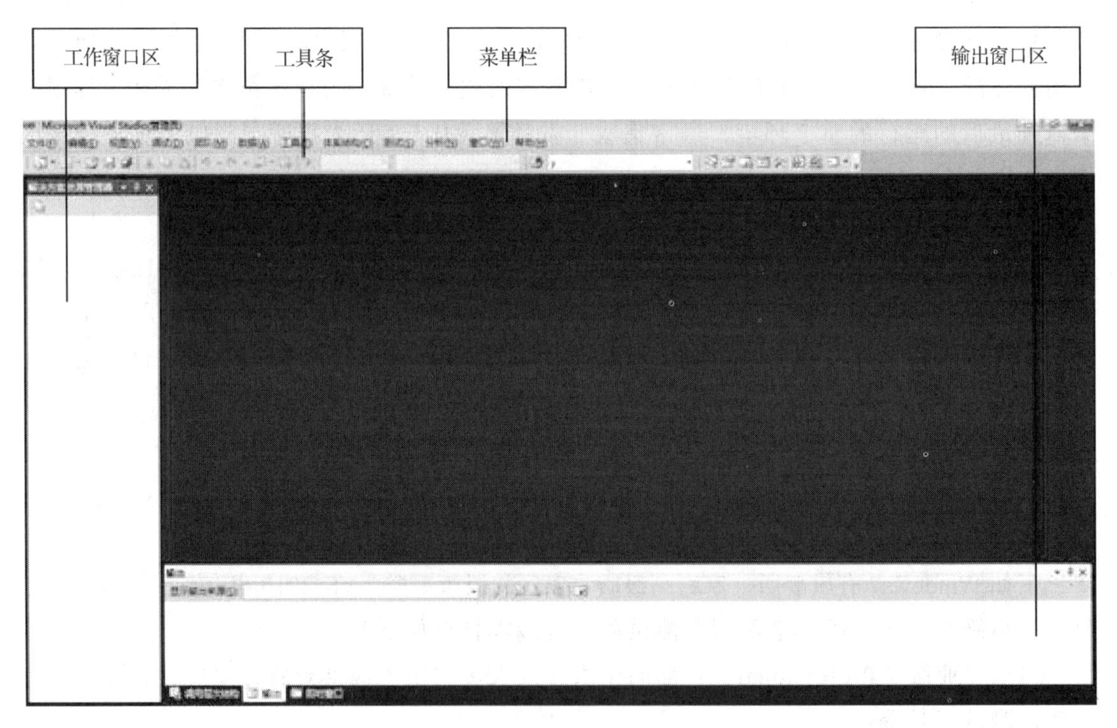

图 4-1　Microsoft Visual Studio 2010 刚启动时的主界面

主界面的主要部分介绍如下。

- 菜单栏：菜单是用户操作的命令接口。菜单栏将同一类的命令组合在一起给定一个主菜单名，每一个主菜单下面都有若干个二级菜单，每一个二级菜单都对应一个具体的功能。

- 工具条：工具条也是用户操作的命令接口，每一个工具以按钮的形式展现，并与某一项二级菜单的命令相对应，完成同样的功能。通常将最常用的命令放于工具条上。
- 工作窗口区：工作窗口区有解决方案资源管理器，包含了应用程序的相关信息，如源文件夹、头文件夹和资源文件夹等。
- 输出窗口区：输出窗口区的主要作用是显示编译链接的结果以及调试信息等。

这是 VS 2010 初始启动时的界面，等建立了项目并加入文件之后，还会有文档窗口区出现，这个区域可以编辑和显示各类文档，如源文件、头文件、资源文件等。

3. 开发一个程序的完整过程

这里以经典的“Hello world!”程序为例，介绍在 Microsoft Visual Studio 2010 下开发程序的过程。

步骤 1　创建新项目，VS 2010 以项目来管理程序，任何程序的开发从创建一个项目开始。

单击“文件”主菜单，在下拉的二级菜单中选择“新建→项目(P)”，如图 4-2 所示。

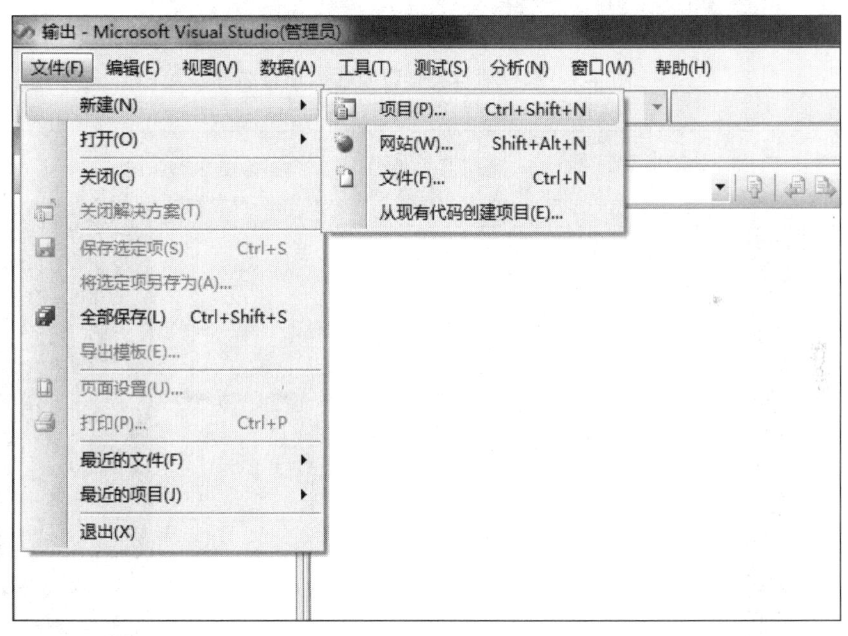

图 4-2　创建新项目

此时会弹出图 4-3 所示的界面。在“Visual C++”项目类型中，单击中间区域的“Win32 控制台应用程序”，给这个项目起一个名称并在下方的“名称”中输入，存放位置可以单击右下方的“浏览”按钮选择，图 4-3 中项目名为“project”，位置放在 d:\zlh\文件夹下，包含项目的解决方案与该项目同名。输入完毕后，单击“确定”按钮，将弹出图 4-4 所示窗口。

在图 4-4 界面中单击“下一步”按钮，得到图 4-5 所示的界面，“应用程序类型”中默认是“控制台应用程序”不要改动，然后在“附加选项”中一定要勾选“空项目”复选框，并单击“完成”，即完成了项目的创建。此时得到的界面如图 4-6 所示。

图 4-3　选择项目类型以及输入项目名称

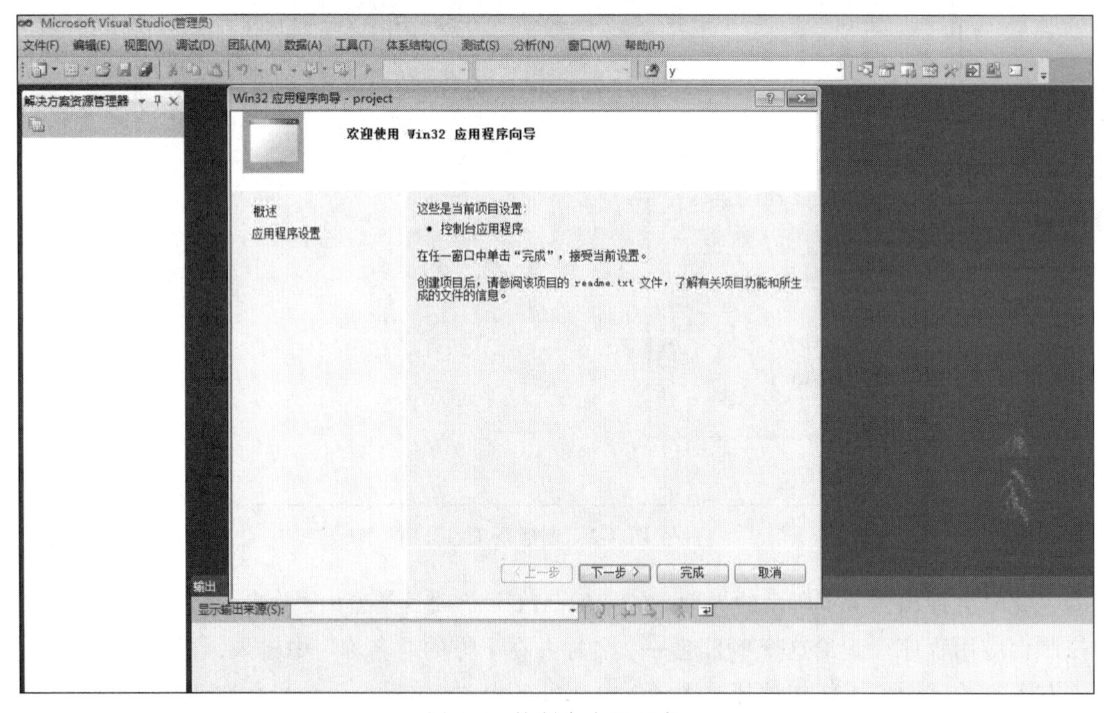

图 4-4　控制台应用程序

如图 4-6 所示，在工作窗口区里显示"解决方案"project"（1 个项目）"。该项目下有 4 个文件夹："外部依赖项""头文件""源文件"和"资源文件"。

如果"解决方案资源管理器"不可见，可以单击"视图"菜单，选择"解决方案资源管理器"。

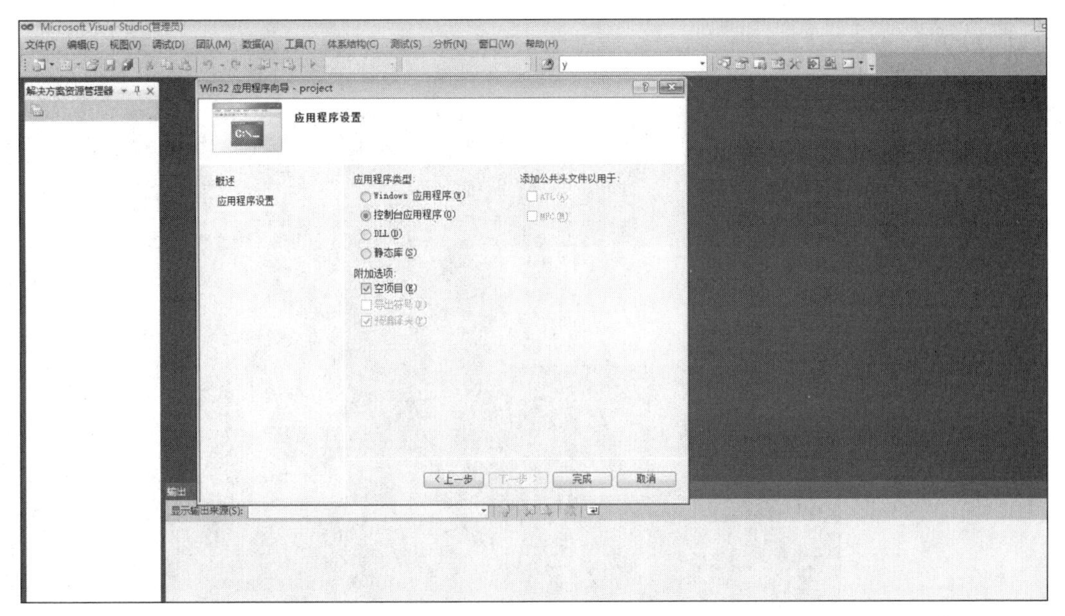

图 4-5　应用程序设置

图 4-6　项目创建完成

步骤 2　向该项目中添加新的源文件。

在“解决方案资源管理器”中，在“源文件”文件夹上单击鼠标右键，在弹出的快捷菜单中，选择“添加”并单击“新建项”，如图 4-7 所示，系统将弹出如图 4-8 所示的窗口。

在图 4-8 所示的窗口中，在最左侧“已安装的模板”列表中选择“Visual C++”，中间区域选择“C++文件(.cpp)”，然后在下方的“名称”中输入文件名，如输入“hello.cpp”，系统会默认将该文件存放在自动生成的特定文件夹中，最后单击“添加”按钮。

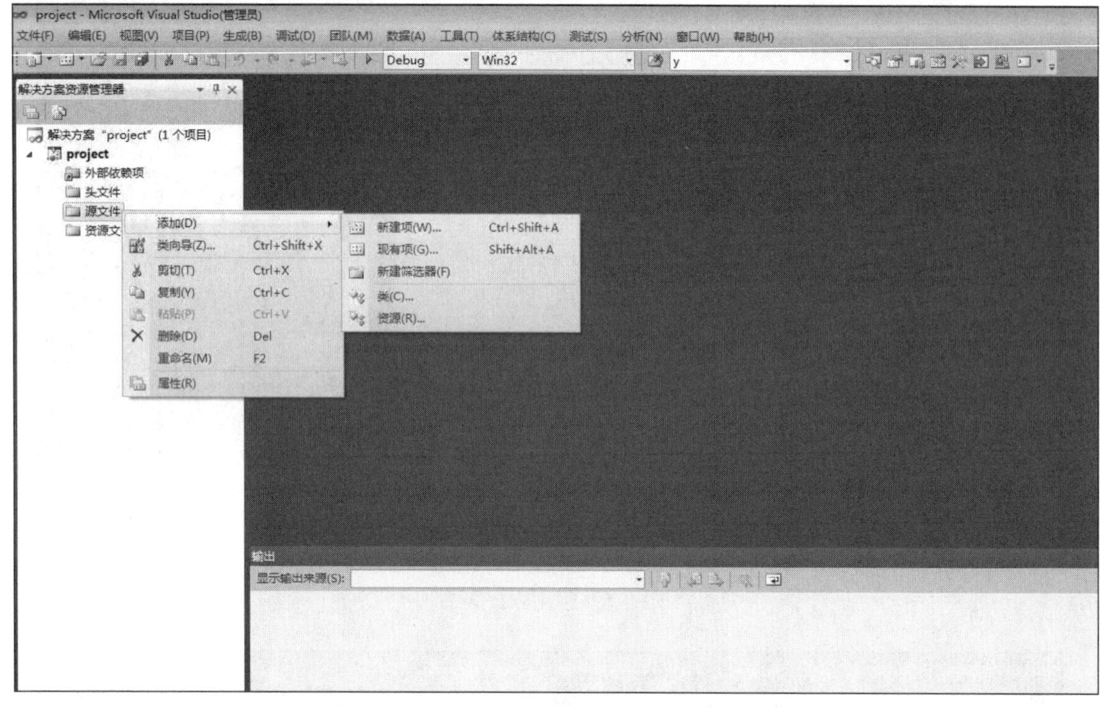

图 4-7　添加源文件

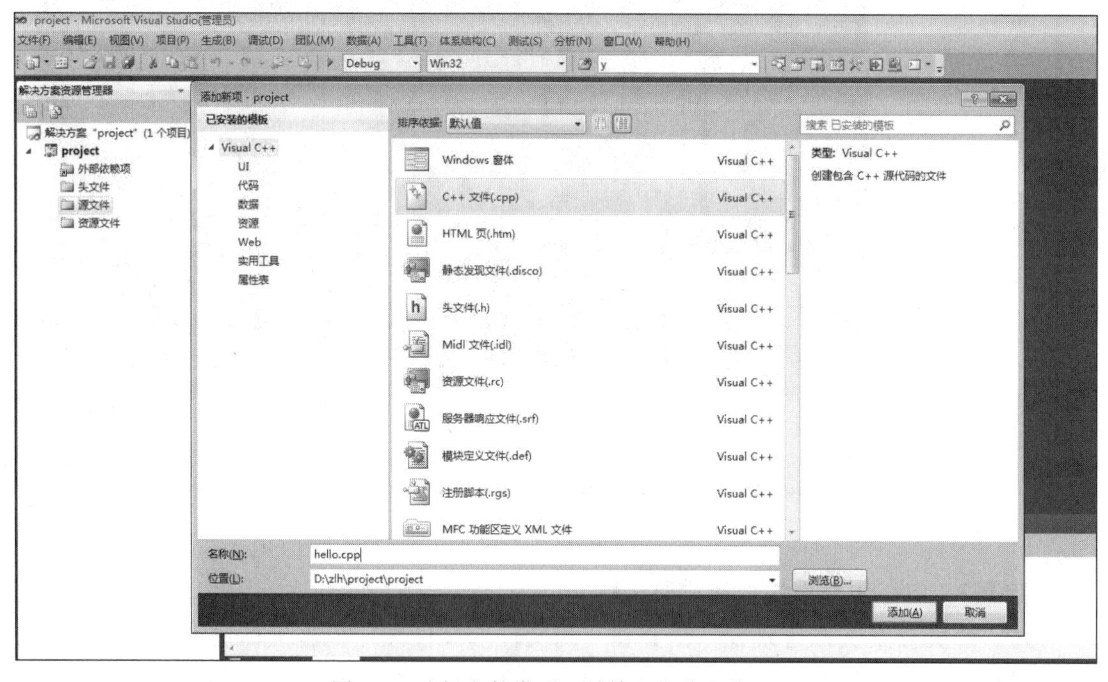

图 4-8　选择文件类型，并输入名称和位置

这时会在主界面的右侧出现文档窗口区，在刚进入图 4-6 所示的系统时并未出现文档窗口区，现在添加了文件，需要进行编辑工作时便出现了该窗口。图 4-9 所示的是输入了完整的代码之后的状态。

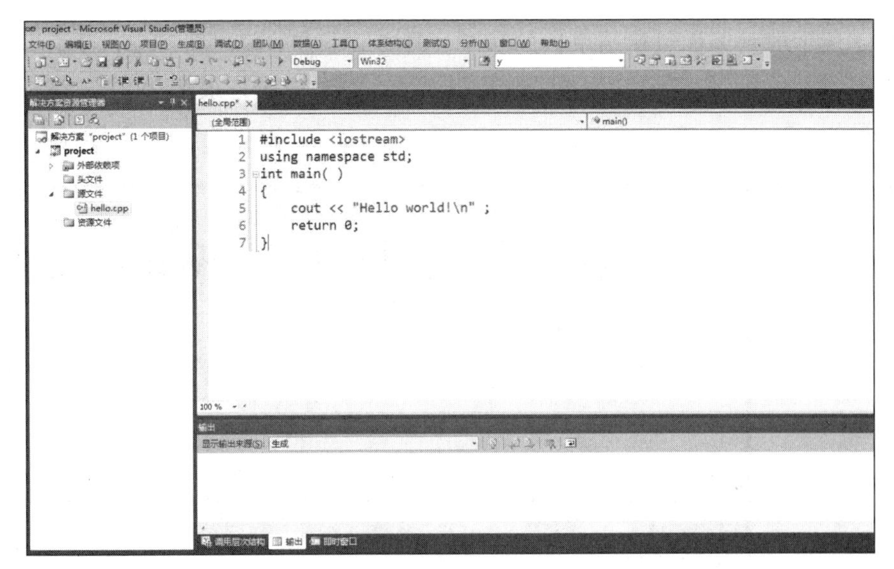

图 4-9　在文档窗口区输入 hello.cpp 源代码

这时文档窗口区的左上角显示的文件名形式为“hello.cpp*”，这里的“*”代表文件未存盘，需要及时单击“保存”按钮或选择“保存 hello.cpp”二级菜单进行保存。文件成功保存后“*”消失。及时保存文件是良好的习惯。

步骤 3　编译和链接源文件。

编辑完成后，对源文件进行编译和链接。这两个步骤的命令均在“生成”菜单下，可以先单击“编译”进行语法检查，再单击“生成解决方案”得到可执行文件，也可以直接单击“生成解决方案”将这两个步骤合并。命令窗口如图 4-10 所示。如果这两个步骤中发现错误，系统会在“输出”窗口区中给出提示信息；否则系统会生成 hello.obj 和 project.exe 等文件。如程序有错，待重新编辑、修改源程序后，就可以选择“重新生成解决方案”再次编译链接。

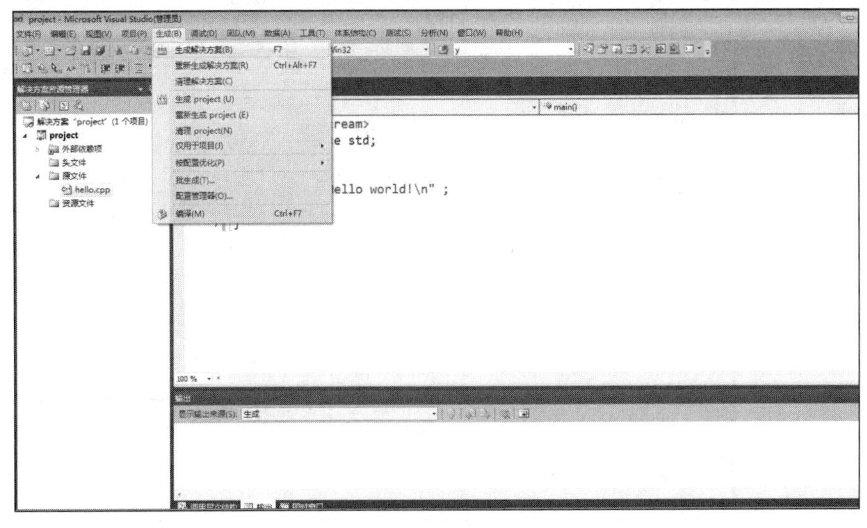

图 4-10　编译链接源代码

图 4-11 所示的是编译链接结束后的状态，关注最下方的输出窗口中，显示出编译链接的相关信息，最后一行显示："生成: 成功 1 个，失败 0 个，最新 0 个，跳过 0 个"，表示程序正确。

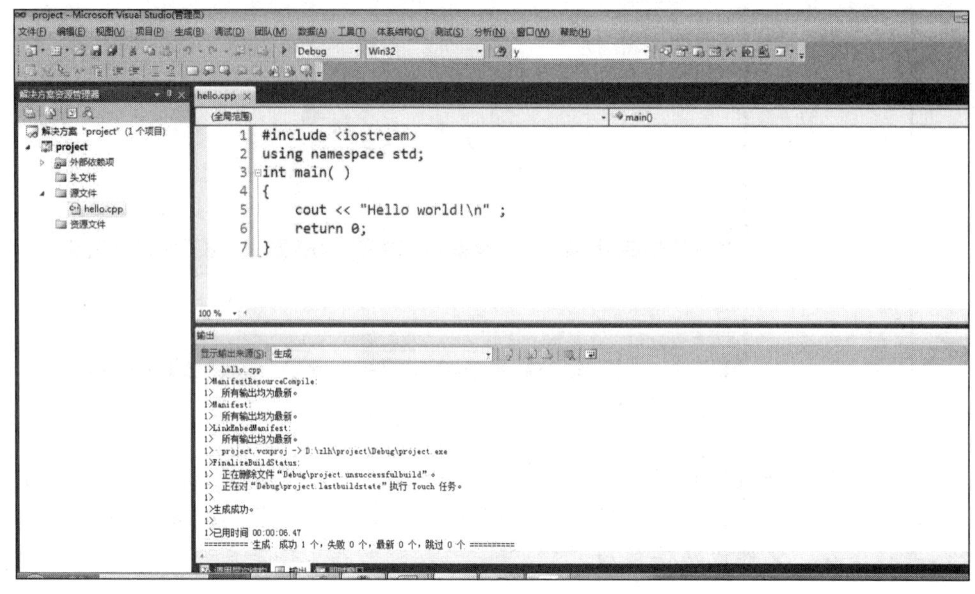

图 4-11　编译链接结束后的显示

步骤 4　运行程序。

在步骤 3 链接程序结束后，生成了以项目名为主文件名的可执行文件 project.exe，现在就可以执行程序了。选择"调试"主菜单，再单击"开始执行（不调试）"二级菜单，如图 4-12 所示；也可以用快捷键 Ctrl+F5 直接运行程序。程序的执行结果显示在 DOS 界面，如图 4-13 所示。

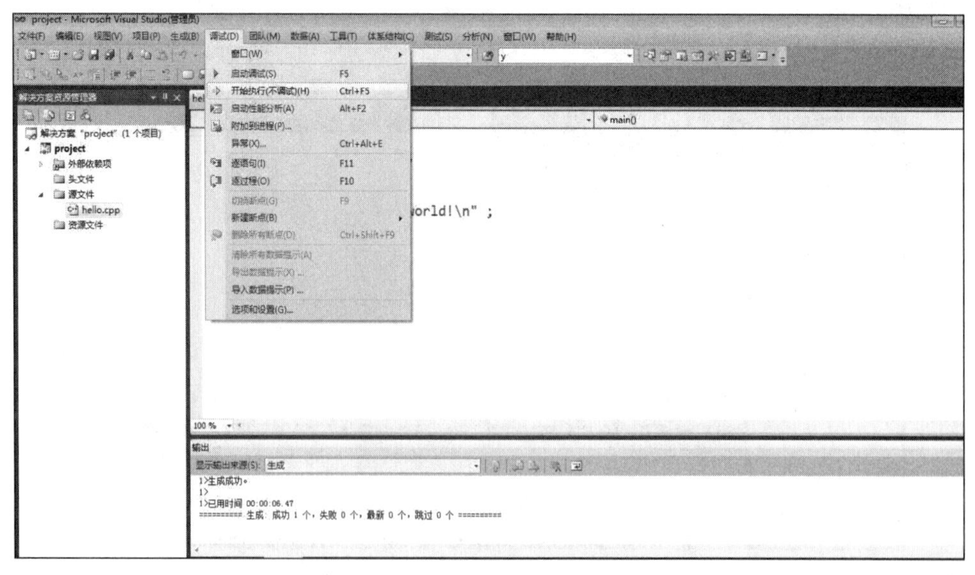

图 4-12　运行可执行文件

图 4-13　程序运行结果

项目完成后，可以到刚才创建的目录下查看相关的文件和文件夹，系统会自动生成很多辅助的文件夹和文件，可以查看到 hello.cpp、hello.obj 和 project.exe 文件所在文件夹分别为：project\project、project\project\debug、project\debug。注意，项目名和里面的源文件名不需要相同，一个项目下可以管理多个文件。

本例演示的是最简单的单文件项目。如果是多文件项目，向项目中添加文件的方法类似，只是，需要先选择正确的文件夹。本例图 4-7 选择“源文件”文件夹添加 hello.cpp 文件，如果需要加入.h 头文件，则选择“头文件”文件夹，后面的操作步骤与添加源文件是一样的。

三、Microsoft Visual Studio 2010 的调试

通常情况下，刚编写出的程序或多或少都存在一些错误。这些错误可分为两类：语法错误和逻辑错误。相对而言，逻辑错误更难发现。一些应用软件提交给用户时也会含有逻辑错误。

程序员应当尽量减少和消灭程序中的错误。语法错误通常在编译阶段就会被检查出来，根据错误提示进行修改就可以解决了；而逻辑错误的主要排查手段是调试和跟踪。本节将对调试进行简单介绍。

调试时主要有两种工作模式：单步调试代码和运行到代码中特定的位置。前者实质上是每次执行一条语句。后者是预先在程序中设置一定的位置（称作断点），程序可以直接运行到此处，再由调试人员决定下一步的工作。

对于小型程序，我们可以采用前者。对于大型程序，我们可以在可能有错误的程序区域设置断点，然后执行程序，并让程序停止在第一个断点上。我们可以从该断点开始单步调试。接下来我们分别介绍这两种调试方法。

1. 单步调试

步骤 1　直接用之前的 project 项目，将 hello.cpp 从项目中移除，然后再新建源文件加入项目，源文件名为 sum.cpp，然后在编辑窗口输入代码（见图 4-15）并保存文件。

步骤 2 单击“调试”菜单，选中“逐语句”命令，或直接按 F11 键，如图 4-14 所示。

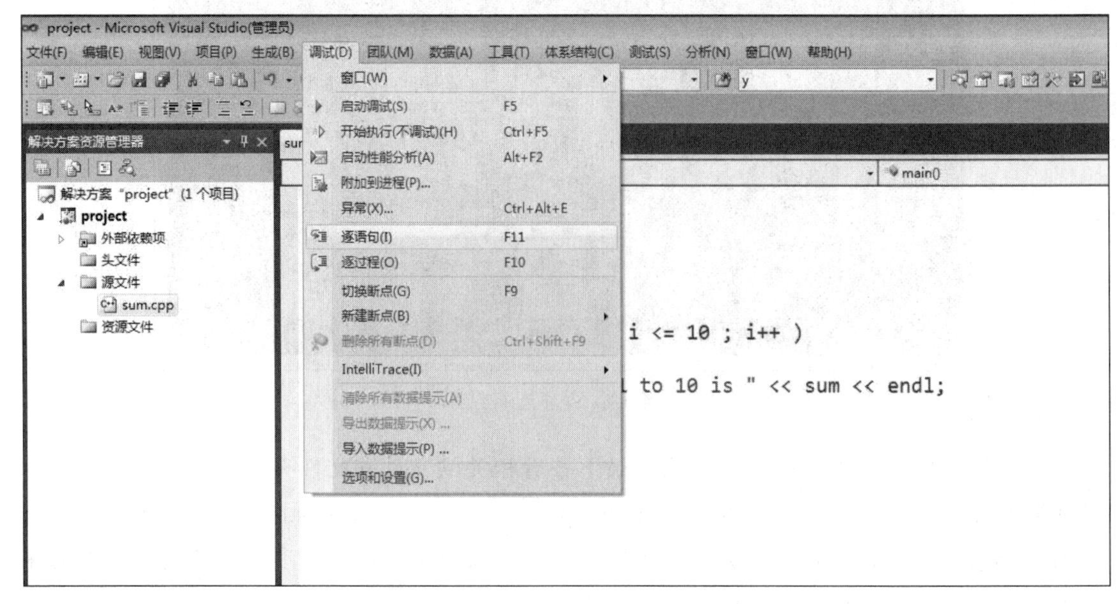

图 4-14 单步调试菜单

按 F11 键后，在 main()函数体的第 1 行前方将出现一个黄色箭头，表明程序将从这里开始运行，软件的下方也出现一个窗口，叫“局部变量”窗口，如图 4-15 所示。

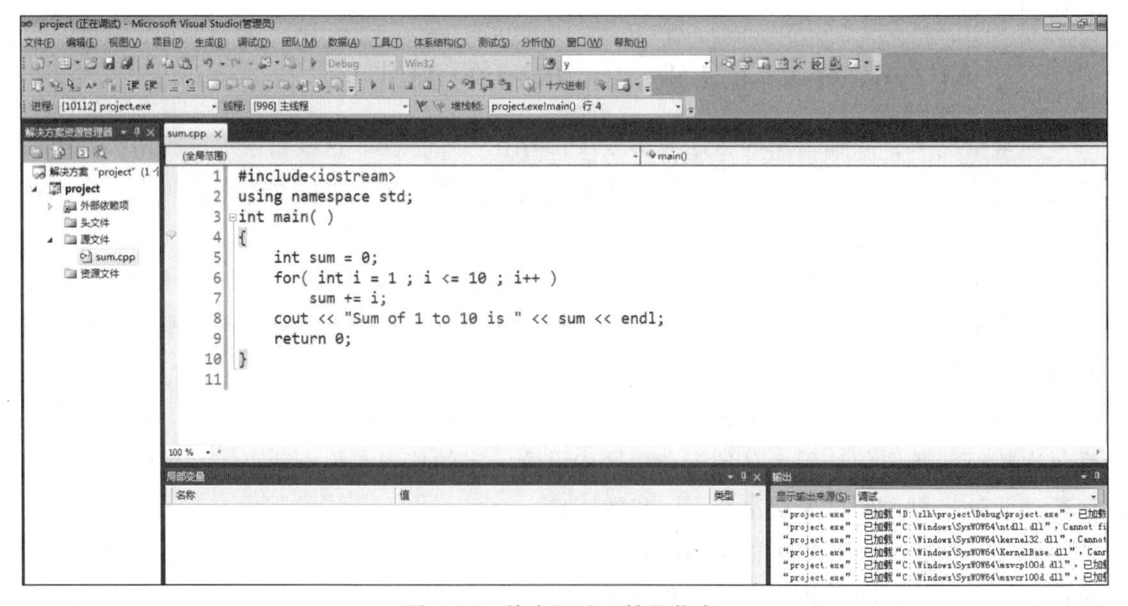

图 4-15 单步调试开始的状态

步骤 3 可以按 F11 键或 F10 键执行程序。每按一次，程序就往下运行一行。两者的区别是，如果有函数调用，按 F11 键会进入函数体执行代码，按 F10 键则直接把函数的调用结果返回。

本程序的演示过程中，当黄色箭头指在“cout<<...”这一行的时候，应该按 F10 键而不是按 F11 键，因为本行调用了输出函数 oprator <<，不需要跟踪到这个函数内部观察，所以用 F10 键直接将函数调用的结果显示出来就可以了。F11 键常用于跟踪到用户自定义函数处，希望详细观察进入自定义函数内部的具体执行流程的情况，所以单纯的单步跟踪用 F10 键合适。

在单步运行过程中，自动窗口中会出现已定义的变量、变量的值、变量类型等。如果变量定义后还没有初始化，那么它的值是一个随机数，如果某次运行变量的值发生了变化，则该变量的值会以红色显示出来。图 4-16 是循环体执行了 3 次之后将要执行第 4 次时的状态，此时黄色箭头停在语句“sum+=i; ”之前。

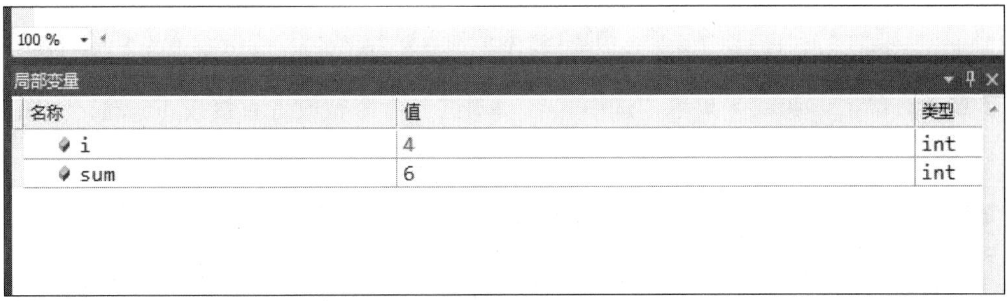

100 %

局部变量

名称	值	类型
i	4	int
sum	6	int

图 4-16 调试过程中变量值的观察

单步调试对于大型程序不是很适用，下面我们再演示第二种调试方法：设置断点。当程序未表现出期望的行为，未能得到期望的结果，或者如果希望进一步了解程序执行过程时，都可以通过在程序中设置断点来分析程序。

2. 设置断点调试

步骤 1 首先估计错误代码的可能位置，在该行代码中单击鼠标右键，在弹出的快捷菜单中选择“断点→插入断点”，即可完成断点的设置，如图 4-17 所示。我们也可以通过直接按 F9 键来实现。

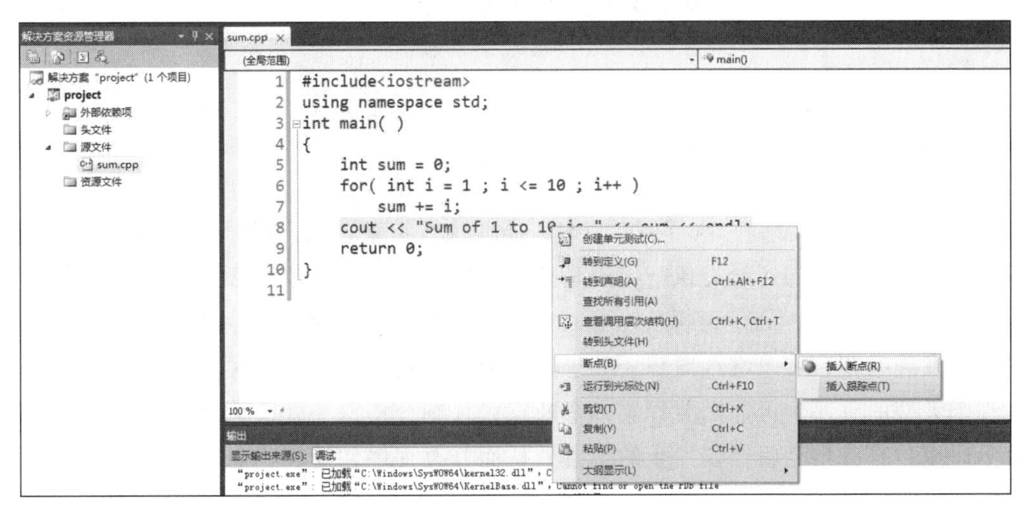

图 4-17 设置断点菜单

设置完成后，在该行代码前将出现一个红色圆点，如图 4-18 所示。

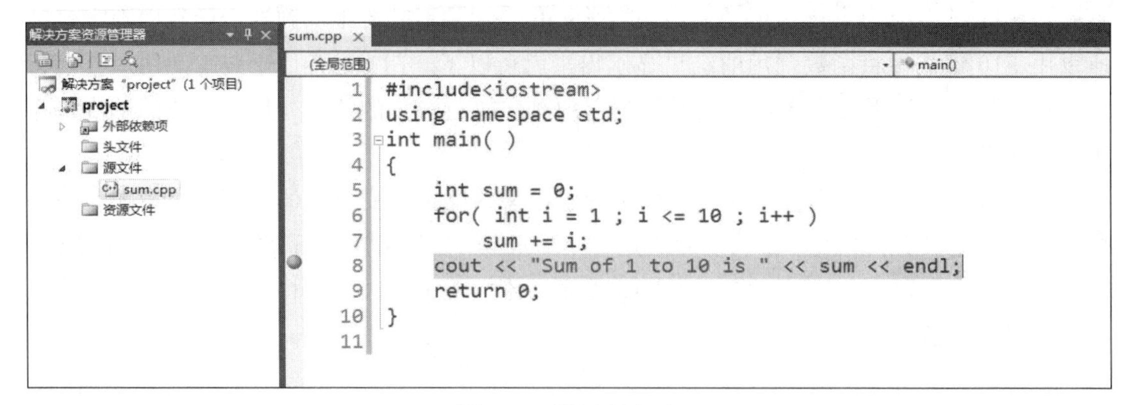

图 4-18　设置断点后

步骤 2　单击“调试”菜单，选中“启动调试”命令，或者直接按 F5 键，如图 4-19 所示。

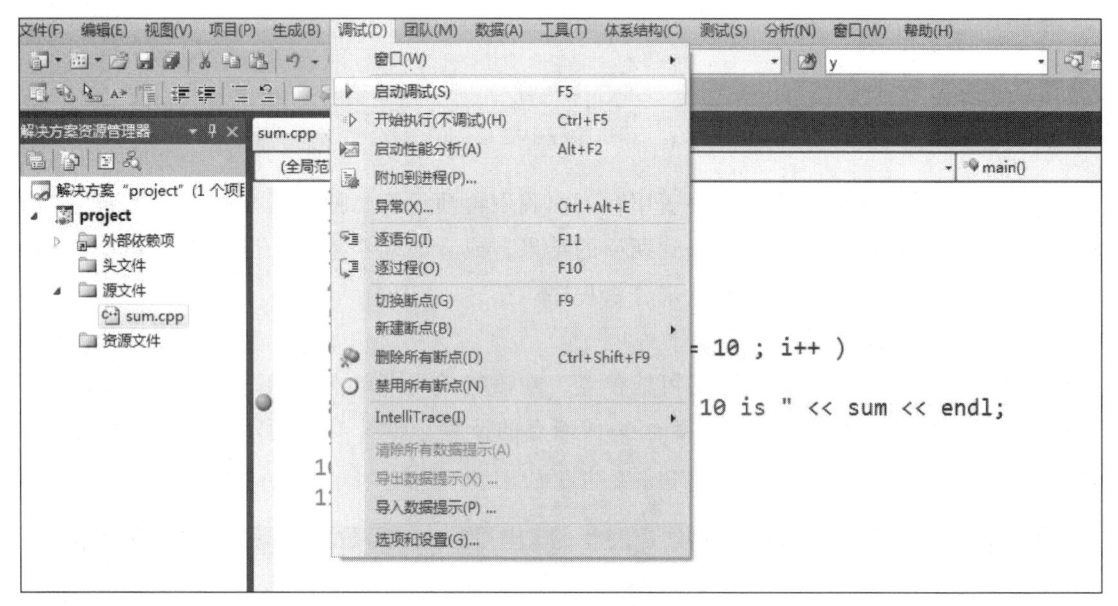

图 4-19　选择启动调试的菜单状态

之后，程序开始运行，直到断点处停下来，如图 4-20 所示。

从图 4-20 中可以看到，执行到断点时，循环执行结束，i 的值为 11 且 sum 的值为 55，这时候当前的输出语句还没有执行，于是接下来按一次 F10 键单步跟踪，结果就输出了。

实际调试过程中，执行到断点时可以观察程序中各变量的值，并进行分析，如果开发人员没有发现问题，可以继续跟踪，如果发现问题则找到了逻辑错误，跟踪可以停止。

一个大型的程序中可能需要设置多个断点，仔细分析每一处，结合单步跟踪，两种方式灵活运用，排查出逻辑错误发生的位置，从而修改程序，使其正确，这是跟踪调试的终极目标。

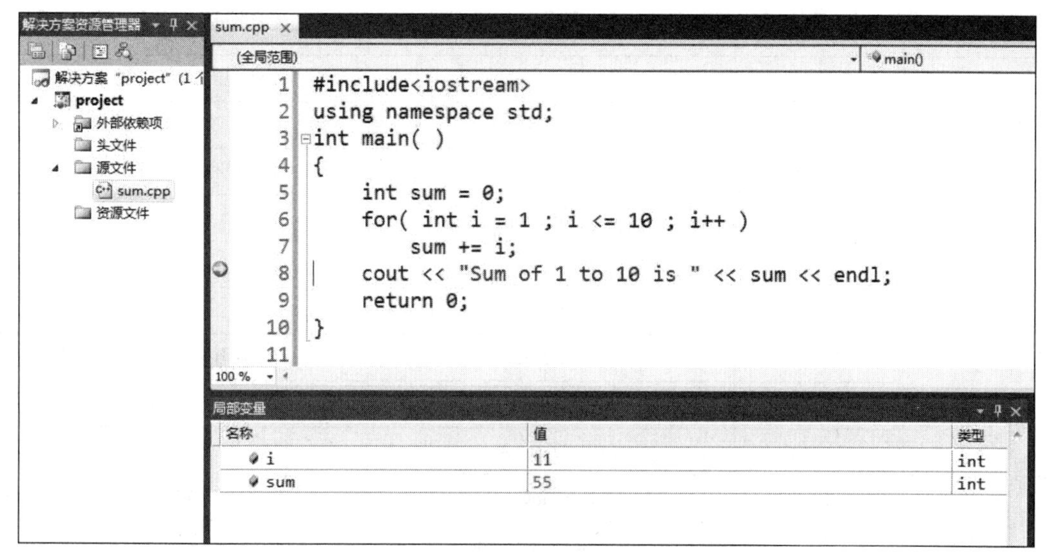

图 4-20　程序运行至断点处停下来

3. 调试窗口

因为调试过程中需要各种观察和分析，所以需要了解一下调试时的常用窗口。

选择“调试”主菜单下的“窗口”二级菜单（Debug→Window），会列出调试时可以打开的窗口，根据需要选择，几个常用调试窗口及作用如下。

（1）自动窗口（Autos Box，组合键：Ctrl+D+A）：Microsoft Visual Studio 调试器在调试的时候自动检测与当前语句相关的对象或变量，把它们列在自动窗口。

（2）监视窗口（Watch Box）：用于添加和编辑变量。你可以添加任意多个变量，也可以在运行时编辑这些变量值，这个窗口很常用。

（3）即时窗口（Immediate Window）：是开发人员常用的功能，主要用来计算表达式，它可以在不改变当前调试步骤的情况下修改变量值或者执行一些语句。我们可以通过菜单“调试→窗口→即时”（Debug→Window→Immediate Window）打开即时窗口。

（4）调用栈（Call Stack）：用于观察调用栈中还未返回的被调用函数列表，调用栈给出了从嵌套函数调用一直到断点位置的执行路径。

用户可以打开多个窗口，然后在软件最底部有选项卡进行切换，在调试时选择合适的窗口。

四、常用功能键以及帮助信息的获取

1. 常用功能键及其意义

为了使开发者能够方便、快捷地完成程序开发，开发环境提供了大量的快捷方式来简化一些常用操作的步骤。键盘操作直接、简单，而且非常方便，因此开发者非常喜欢采用键盘命令来控制操作。表 4-1 列出了一些常用的功能键，读者在编程时可灵活使用。

表 4-1　　VS 2010 中常用的功能键及其功能

操作类型	功能键	对应菜单	含义
文件操作	Ctrl+N	File|New	创建新的文件、项目等
	Ctrl+O	File|Open	打开项目、文件等
	Ctrl+S	File|Save	保存当前文件
编辑操作	Ctrl+X	Edit|Cut	剪切
	Ctrl+C	Edit|Copy	复制
	Ctrl+V	Edit|Paste	粘贴
	Ctrl+Z	Edit|Undo	撤销上一个操作
	Ctrl+Y	Edit|Redo	重复上一个操作
	Ctrl+A	Edit|Select All	全选
调试操作	F5	Debug|Go	继续运行
	F11	Debug|Step into	进入函数体内部
	F10	Debug|Step over	执行一行语句
	F9	Debug|Set breakpoint	设置/清除断点
	Shift+F11	Debug|Step out	从函数体内部运行出来
	Ctrl+F10	Debug|Run to cursor	运行到光标所在位置
	Shift+F9	Debug|QuickWatch	快速查看变量或表达式的值
	Shift + F5	Debug|Stop debugging	停止调试

2. 获取帮助信息

大多数时候，可以通过按 F1 键得到上下文帮助。如在编辑文件时按 F1 键可以得到有关编辑的帮助，在编译连接错误信息上按 F1 键可以得到关于该错误的帮助信息。还可以通过选择菜单“帮助→查看帮助”（Help→Contents）来启动 MSDN 查阅器。MSDN 查阅器是一个功能强大的程序，可以方便地浏览、查找信息。要想知道具体如何使用 MSDN 查阅器，可以在 MSDN 查阅器中选菜单“Help”下的命令。

除了 VS 2010 自带的帮助信息可以获取帮助，我们还可以通过利用网络资源查找相关信息，或者进入相关的编程或学习论坛向高手请教，可以借鉴类似的程序获得一定的思路。

实验 1　用 C++实现面向过程的程序设计

一、实验目的与实验要求

（1）掌握一种编程开发环境的使用，例如，Microsoft Visual Studio 2010 或其他集成开发环境，掌握在其下开发一个 C++程序的完整过程，了解每一步操作下生成的对应文件及各种文件存放的位置。

（2）用 C++语言实现面向过程的程序设计，正确理解引用作为形参和函数返回值的意义和用法，并与值形参、指针形参作比较。

（3）能够正确定义和调用带有默认参数值的函数，通过跟踪调试观察形参在不同的调用方式下所获得的实参值。

（4）能够正确定义重载函数，并通过跟踪调试观察每次调用的是哪一个同名函数，注意二义性问题。

（5）能够正确使用 C++的异常处理机制检测并处理程序中的异常。

二、实验内容

题目 1 建立一个单文件程序，文件内容如下。

```
#include <iostream>
using namespace std;
void swap (int x,int y);
int main( )
{
    int x=10,y=20;
    cout<<"Before swap, x="<<x<<"  y="<<y<<endl;
    swap (x,y);
    cout<<"After swap, x="<<x<<"  y="<<y<<endl;
    return 0 ;
}
void swap (int x,int y)
{
    int t=x;
    x=y;
    y=t;
}
```

（1）首先在本地盘上建立一个自己学号的目录，然后进入编程环境，在此编辑源文件；然后再编译链接并运行程序，观察自己目录下生成文件夹和文件的情况，观察运行结果。

（2）根据调试器的使用方法，对以上程序的运行进行单步跟踪。

在运行到语句 swap (x,y);时使用 F11 键（逐语句）跟踪，观察 swap 函数执行的每一步各变量的变化情况；其余语句处使用 F10 键（逐过程）跟踪，记录实参 x、y 的内存地址&x、&y，以及 x、y 在调用 swap 函数前后的变化情况；记录形参 x、y 的内存地址&x、&y，注意与实参的地址是否相等，以及形参 x、y 在调用 swap 函数过程中的变化情况，解释实参未能发生交换的原因。

（3）将上述程序代码中函数原型声明及函数定义首部的“void swap (int x,int y);”改为“void swap (int &x,int &y);”，再次运行程序，观察运行结果。

（4）采用与第（2）步同样的方法作单步跟踪，记录实参 x、y 的内存地址&x、&y，以及 x、y 在调用 swap 函数前后的变化情况；记录形参 x、y 的内存地址&x、&y，注意与实参的地址是否相等，以及形参 x、y 在调用 swap 函数过程中的变化情况，解释实参发生了交换的原因。

（5）在第（4）步的基础上，将函数原型声明及函数定义首部的“void swap (int &x,int

&y);”改为“int& swap (int &x,int &y);”，同时在该函数体的最后增加一条“return y;”语句，在主函数中将调用语句“swap (x,y);”改为“swap (x,y)=100;”，观察程序的运行结果，理解引用作为函数返回值的特殊用法。

（6）再将上述代码中函数原型声明及函数定义首部的“int& swap (int &x,int &y);”改为“void swap (int *x,int *y);”，同时将函数体内的第一条语句“int t=x;”改为“int *t=x;”并将“return y;”从函数体内删除，主函数中的调用语句由“swap (x,y)=100;”改为“swap (&x,&y);”，再次运行程序，观察运行结果。

（7）采用与第（2）步同样的方法作单步跟踪，记录实参 x、y 的内存地址&x、&y，以及 x、y 在调用 swap 函数前后的变化情况；记录形参 x、y 的内存地址值在调用 swap 函数过程中的变化情况，解释实参未发生交换的原因。

（8）在第（7）步的基础上，不修改函数原型，仍以指针作形参，修改 swap 函数的代码，使实参能发生值的交换。

题目 2 定义带有默认参数值的函数，并在主函数中调用，文件内容如下。

```
#include <iostream>
using namespace std;
int f(int x,int y=10,int z=20);
int main()
{
    int a=1,b=2,c=3,*r;
    r=new int [4];
    r[0]=f(a);
    r[1]=f(a,b);
    r[2]=f(a,b,c);
    for (int i=0;i<3;i++)
        cout<<r[i]<<"  ";
    cout<<endl;
    delete []r;
    return 0;
}
int f(int x,int y,int z)
{
    return x+y+z;
}
```

（1）编辑、编译链接并运行程序，观察运行结果。

（2）根据调试器的使用方法，对以上程序的运行进行单步跟踪。注意，在调用 f 函数的语句处使用 F11 键跟踪，观察每种调用之下各形参所获得的值的情况；其余语句处使用 F10 键跟踪。

（3）将上述程序代码中函数定义首部由“int f(int x,int y,int z);”改为“int f(int x,int y=10,int z=20);”，再次编译程序，观察出错信息，理解带默认参数值的函数其默认参数的给出位置。

（4）将函数的原型声明由“int f(int x,int y=10,int z=20);”改为“int f(int x=10,int y,int z=20);”，重新编译程序，观察出错信息，理解带默认参数值的函数其默认参数的给定顺序。

（5）将程序恢复成最初正确状态，在主函数的输出语句前增加“r[3]=f();”语句，重新编译程序，观察出错信息，理解带默认参数值的函数其正确的调用方法。

（6）本程序中用到了动态一维数组 r，跟踪时加入 r 指针变量，观察其地址的变化情况。

题目 3 定义 3 个重载的求体积函数，函数名为 volume，函数返回值类型为 double，其中求正方体体积的函数只带一个形参，表示正方体的边长；求圆柱体体积的函数带两个形参，第 1 个是底的半径，第 2 个是圆柱体的高；求长方体体积的函数带有 3 个形参，分别表示长方体的长、宽、高。

（1）主函数中给定相关的初始数据，分别调用这 3 个函数求 3 种不同图形的体积。编辑、编译连接并运行程序，观察运行结果。

（2）在上面程序正确的基础上，对第 2 个求圆柱体积的重载函数的第 2 个形参指定一个默认参数值，其余代码不变，重新编译程序，观察出现的 1 个 error 的位置，并解释出错的原因。

题目 4 定义一个简单的学生成绩管理系统，需要处理 NUMBER（用户自定义常量）个学生的高等数学成绩数据，对每个学生提供姓名（string 型）、学号（string 型）、性别（char 型）、年龄（int 型）、数学成绩（double 型）这 5 种信息。初始数据从键盘输入，存入由指针申请的一组动态数组空间中。如果输入的年龄不在 16～21 岁，则认为年龄异常，显示“Age is out of range!”的提示信息；如果输入的成绩不在 0～100 分，则认为成绩异常，显示“Score does not exist!”；如果输入的性别不是 F 或 M，则认为性别异常，显示“Unknow sex!”。利用 C++的异常处理机制检测并处理异常。主函数中输出前面有效的学生完整信息。

三、实验指导

1. 题目 1 指导

题目 1 的目的首先是熟悉编程的开发环境，搞清楚在特定的集成开发环境下如何从编辑开始，经过编译链接直到正确运行程序的完整过程。

该题目本身的重点是比较一般的值形参、引用形参、指针形参的不同作用，观察形参是否另外分配内存空间、发生交换的实际内容，以及对对应实参的不同影响。理解引用作为返回值可以作为左值调用的特殊用法。

在跟踪调试时注意正确使用两种不同的单步跟踪方法：按 F10 键实现逐过程跟踪，而按 F11 键实现逐语句跟踪。此程序中，只有在调用 swap 函数这一行时需要按 F11 键，其余位置都按 F10 键即可。

对于需要查看的信息，如果未在自动窗口中出现，可以在监视窗口中输入相应的内容，便于进行观察。

2. 题目 2 指导

题目 2 的目的是观察调用带有默认参数值的函数时，实参与形参的匹配情况，用 F10 键和 F11 键跟踪程序。此程序中，只有主函数中求解 r 数组元素的几行需要按 F11 键，其余位置都按 F10 键即可。

通过观察一些特定修改后的错误信息，理解默认参数值的给定位置、给定顺序、实参的个数以及在匹配时的顺序等问题。

3. 题目 3 指导

题目 3 主要考查重载函数的定义和调用,理解重载函数定义时需要在形参上有所区别，在此题中通过形参的个数不同来区分。对重载函数的调用必须是无二义性的，如果参数个数不同，但是有参数提供了默认值，则可能会在调用时产生二义性，这在函数重载时需要注意避免。

4. 题目 4 指导

（1）此题需要用到的结构体类型可定义如下。

```
typedef struct Student
{
    string name;
    string num;
    char sex;
    int  age;
    double maths;
}STU;
```

（2）因为本题的异常发生在输入时，因此建议定义一个函数用于处理数据的输入，在此函数中根据题目意思应该抛出 3 种不同的异常。由于主函数中要求在异常发生之后，输出有效的元素信息，因此建议处理输入的函数原型为“void readInDatas(STU *p,int n,int &valid);”，其中的 n 参数表示要读入的学生总人数，引用参数 valid 表示在发生异常时前面已读入的有效元素个数。

（3）主函数中负责申请动态一维数组空间，在 try 块内调用以上函数，根据题目意思，应该有 3 个 catch 块，分别用于处理不同类型的异常，各种异常下需要输出的提示信息见题目要求。在所有的 catch 块都结束之后，要输出有效的学生信息。

四、实验预习

（1）阅读主教材第 2 章全部内容，理解教材中的示例程序，重点理解实验要求的几个知识点。

（2）阅读相关内容，了解集成开发环境中调试器的使用方法。**本书中所讲到的跟踪调试都是基于 Microsoft Visual Studio 2010 环境的，如果同学使用其他集成开发环境，请学习相应的跟踪调试方法**。要求同学们会正确运用 F10 键或 F11 键进行单步跟踪并能跟踪到被调用函数中，观察程序运行到每一步各变量的变化情况。

（3）阅读本次实验内容及对应的实验指导，提前编写源程序。

实验 2　类与对象的基本知识

一、实验目的与实验要求

（1）掌握类与对象的定义与使用方法。

（2）正确掌握类的不同属性成员的使用方法。

（3）掌握构造函数与析构函数的概念，理解构造函数与析构函数的执行过程。

（4）通过 Debug 调试功能观察 this 指针及其指向存储单元的内容。

（5）掌握对象数组、对象指针、对象引用的定义与使用。

二、实验内容

题目 1 定义一个借书证类 BookCard，在该类定义中包括如下内容。

（1）私有数据成员：

string id; //借书证学生的学号

string stuName; //借书证学生的姓名

int number; //所借书的数量

（2）公有成员函数：

构造函数 //用来初始化 3 个数据成员，是否带默认参数值参考结果来分析

void display() //显示借书证的 3 个数据成员的信息

bool borrow() //已借书数量不足 10 则将数量加 1，数量达到 10 则直接返回 false

主函数及 f()函数代码如下。请结合输出结果完成程序。

```
void f(BookCard &bk)
{
    if (!bk.borrow())
    {
       bk.display();
       cout<<"you have borrowed 10 books,can not borrow any more!"<<endl;
    }
    else
       bk.display();
}
int main()
{
    BookCard bk1("B20190620","东平",10),bk2;
    f(bk1);
    f(bk2);
    return 0;
}
```

程序的运行结果为：

```
B20190620   东平   10
you have borrowed 10 books,can not borrow any more!
B19010250   雪峰   4
```

题目 2 定义一个时间类 Time，有 3 个私有成员变量 Hour、Minute、Second，定义构造函数、析构函数以及用于改变、获取、输出时间信息的公有函数，主函数中定义时间对象，并通过调用各种成员函数完成时间的设定、改变、获取、输出等功能。

（1）按要求完成类的定义与实现。

（2）修改数据成员的访问方式，观察编译结果。

（3）在 Time 类中定义一个成员函数，用于实现时间增加一秒的功能，主函数中通过对象调用该函数，并输出增加一秒后的时间信息。

（4）定义一个普通函数。

```
void f(Time  t)
{
    t. PrintTime();
}
```

在 Time 类中增加复制构造函数的定义，主函数中调用该函数，运用调试工具跟踪，分析整个程序调用构造函数（包括复制构造函数）和析构函数的次数；再将 f 函数的形参分别改为引用参数和指针参数（此时函数代码改为“{t-> PrintTime();}”，主函数中调用，再分析此时调用构造函数和析构函数的次数。

题目 3 设计一个 Score 类，该结构有两个数据成员，分别为整型的 home_team（主队）和 opponent（客队）。用 Score 类定义一个含有 5 个元素的 game 数组，用于记录一个球队全部 5 场比赛的每场比分。

（1）定义合适的构造函数，初始比分均为 0：0。

Set()函数　　　　　//用于修改每场比分
GetHometeam()　　　//函数用于提取主队的比分
GetOpponent()　　　//函数用于提取客队的比分
Display()　　　　　//用于显示比分情况，输出形如 55：66

（2）定义对象数组 game，并初始化对象数组，以 98：67，105：103，88：96 的比分给 game 数组的前 3 元素赋初值。

（3）调用 Set()函数为对象数组的其他元素赋值。

（4）设计一个查询功能，让用户输入场次，查询该场次比分情况，以输入 0 为结束。

（5）定义普通函数 result(Score *p,Score &e)，Score 类指针用来传递对象数组的首地址，e 为 Score 类的对象引用，用来存储比赛的总比分成绩。在 result()函数中，通过统计每场比赛的比分情况，得出最后总成绩，在主函数中根据 end 对象中比赛结果，输出最后的胜利者。

题目 4 对题目 3 的程序进行调试，利用 Debug 调试功能观察对象数组 game 的存储结构，理解 this 指针的含义。

三、实验指导

1. 题目 1 指导

（1）本题要求读者完成的部分就是类 BookCard 的定义。根据题目的描述，类有 3 个私有数据成员，3 个公有成员函数。建议在类定义中给出成员函数的原型声明，在类体外实现这 3 个成员函数。

（2）对于构造函数，肯定需要提供 3 个形参，用来给 3 个数据成员初始化。问题在于，这 3 个形参是否需要带有默认参数值，以及默认参数值分别是什么。这个问题请读者结合程序的代码和运行结果去分析。

（3）display()函数显示数据成员时的方式参考输出结果就可以得到。

（4）borrow()函数根据题目中的描述，需要判断目前的 number 是否为 10 ，从而做不同的处理，返回不同的 bool 值。

（5）f()函数的使用简化了 main()函数，避免了代码的重复出现，注意引用形参的使用。

（6）main()函数中定义了两个对象，其中 bk2 没有给实参，但是输出结果是有参数值的，这里就是给了构造函数默认参数值的提示了。

2. 题目 2 指导

时间类 Time 的定义及函数提示如下，请完善程序。

```
class Time
{
private:
    int Hour,Minute,Second;
public:
    Time(int h=0,int m=0,int n=0);             //构造函数，初始化类的 3 个成员变量
    Time(const Time &ob);                      //复制构造函数
    ~Time();                                   //析构函数
    void ChangeTime(int h,int m,int s);        //用形参的值改变成员变量值
    int GetHour();                             //获取小时值，以 24 小时计
    int GetMinute() ;                          //获取分钟值
    int GetSecond() ;                          //获取秒值
    void PrintTime();                          //输出时间值，以时:分:秒形式输出
    //void IncreaceOneSecond();                //此函数增加 1 秒，做（3）题时取消注释标志
    };

Time::Time(int h,int m,int n)
}
   //cout<<"Constructing…"<<endl;              //观察构造函数执行顺序时取消注释标志
    …                                          //其他语句，请补充完整
}
Time::Time(const Time &ob)
{     //观察构造函数执行顺序时取消注释标志
     //cout<<"Copy constructing…"<<endl;
    …                                          //其他语句，请补充完整
}
Time::~Time()
{
    //cout<<"Destructing…"<<endl;              //观察构造函数执行顺序时取消注释标志
}
    …                                          //其他成员函数的实现代码，请补充完整

/*void f(Time t)                               //普通函数 f，做（4）题时取消注释标志
{  t. PrintTime();
   cout<<"call f\n";
}*/
int main()
{
    …                                          //定义 4 个对象，分别提供 0、1、2、3 个实参

    对象名.PrintTime() ;                        //用上面定义的对象调用该函数输出时间信息
    对象名.ChangeTime(实参表);                   //改变对象的时间信息
    cout<<对象名.GetHour()<<":"<<对象名.GetMinute()<<":"<<
```

```
        对象名.GetSecond()<<endl;          //输出时间信息
    …                    //其他语句，主函数内容的组织根据各人需要，保证正确
    return 0
}
```

思考题：

（1）不改变 main()函数中的对象的定义方式，若取消构造函数中参数的默认值，再运行程序会出现什么问题？原因是什么？

（2）如果删除类中自定义的构造函数，仅使用系统默认构造函数，再运行程序会出现什么问题？原因是什么？

（3）如果将 main()函数中的输出语句改为如下形式。

```
cout<<对象名.Hour<<":"<<对象名.Minute<<":"<<对象名.Second<<endl;
```

编译时会出现什么问题？原因是什么？

（4）取消类中成员函数 IncreaceOneSecond()的注释标志，如何定义并调用该函数？时间在增加 1 秒的情况下如何进位？

（5）取消构造函数、析构函数、复制构造函数中的注释标志，重新编译链接和运行程序。输出结果有什么变化？请运用调试工具分析构造函数、析构函数、复制构造函数的执行顺序。

3. 题目 3 指导

（1）根据要求完成类 Score 的定义。

（2）熟悉对象数组的初始化方式，如下所示。

```
Score game[5]={Score(98,67),Score(105,103),Score(88,96)};
```

（3）在对对象数组元素进行赋值时，注意使用相应的数组元素调用 Set()函数。

```
game[3].Set(83,84);
game[4].Set(97,95);
```

（4）根据注释完成主体代码。

```
cout<<"进入查询状态:"
cout<<"请输入查询场次:(1~5)";
cin>>no;
while(                    )                    //填入适当的循环条件
{
      cout<<"该场比分为:"
        …                                      //调用适当的函数显示比分
      cout<<"请输入查询场次:(0 退出)";
      cin>>no;
      if (    …    )                           //根据要求填入退出查询条件
      {
          cout<<"谢谢查询!"<<endl;
          break;
      }
}
```

（5）传递对象数组到函数 result()中，main()函数中定义一个 Score 类对象 end，记录两队的最后总比分，关键代码如下。

```
    for(int i=0;i<=4;i++)

        if ((p+i)->GetHometeam()>(p+i)->GetOpponent())
            x++;
        else  y++;
    end.Set(x,y);
```

思考题：

（1）主函数中以如下方式调用 result()函数。

```
result(game,end);
cout<<"总比分为:";
end.Display();
cout<<endl;
if  ( end.GetHometeam()>end.GetOpponent())
    cout<<"Hometeam win"<<endl;
else
    cout<<"opponent win!"<<endl;
```

（2）如果将函数“result(Score *p,Score &e);”改为“result(Score *p,Score e);”，修改主函数的调用语句，观察程序运行结果，说明原因。

（3）如果将函数“result(Score *p,Score &e);”改为“result(Score *p,Score *e);”，修改主函数的调用语句，观察程序运行结果，说明原因。

4．题目 4 指导

（1）选择主菜单“调试”中的“逐过程”（或按 F10 键），程序进入单步执行状态。

（2）当程序执行至“game[3].Set(83,84);”时，换用“逐语句”（或按 F11 键），进入 Set()函数体，在“监视”窗口中输入“this”，继续使用 F10 键，观察 this 指针内容并记录。

（3）当程序执行至“game[4].Set(97,85);”时，换用 F11 键，进入 Set()函数体，继续使用 F10 键，观察 this 指针内容的变化并记录。

（4）在“game[4].Set(97,85);”语句后添加以下语句。

```
cout<<game+3<<endl;
cout<<&game[4]<<endl;
```

重新编译程序，观察输出结果，理解 this 指针的含义。

四、实验预习

（1）阅读主教材第 3 章内容，重点预习构造函数、析构函数、复制构造函数的定义与使用。

（2）复习主教材第 2 章的引用概念。

（3）阅读本次实验内容及对应的实验指导，提前编写源程序。

实验 3　类与对象的知识进阶

一、实验目的与实验要求

（1）掌握在类内定义静态数据成员以实现共享的基本方法，并根据需要定义相应的静态成员函数专门操作静态数据成员。

（2）掌握类中常数据成员的定义及初始化方法，正确使用常数据成员。

（3）理解常成员函数的意义以及常对象的意义，在程序中正确定义常对象，并正确调用相应的成员函数。

（4）掌握友元的定义和应用

（5）掌握对象成员的定义方法，理解对象成员的构造与析构方法。

（6）理解组合后类的构造函数与析构函数的调用次序。

二、实验内容

题目 1 定义一个 Girl 类和一个 Boy 类，这两个类中都有表示姓名、年龄的私有数据成员，都要定义构造函数、析构函数、输出数据成员信息的公有成员函数。

（1）根据要求定义相应的类。

（2）将 Girl 类作为 Boy 类的友元类，在 Girl 类的成员函数 VisitBoy(Boy &)中访问 Boy 类的私有成员，观察程序运行结果。

（3）在 Boy 类的成员函数 VisitGirl(Girl &)中试图访问 Girl 类的私有成员，观察编译器给出的错误信息，理解友元的不可逆性。

（4）主函数中正确定义两个类的对象，调用各自的成员函数实现相应功能。

（5）再将 Boy 类作为 Girl 类的友元类，在 Boy 类的成员函数 VisitGirl(Girl &)中访问 Girl 类的私有成员，观察编译器给出的信息。

（6）删除两个类中的函数 VisitGirl(Girl &)，VisitBoy(Boy &)，定义一个普通函数 VisitBoyGirl(Boy &, Girl &)，作为以上两个类的友元函数，通过调用该函数输出男孩和女孩的信息。

题目 2 编写一个程序，定义一个 Circle 类，按下述内容要求定义相关的数据成员及成员函数，最后在主函数中输出各圆的半径及对应面积，并一次性输出平均面积。

（1）Circle 类中定义 4 个数据成员：常数据成员 PI 代表圆周率，静态数据成员 count 用于统计圆对象的个数，普通的 double 型数据成员 r 代表圆的半径，普通的 double 型数据成员 area 代表圆的面积，所有数据成员均定义为私有属性。再定义相关的成员函数，用于求单个圆的面积、输出圆的半径及面积、获取静态数据成员的值。

（2）主函数中以一维对象数组定义若干个圆类的对象，调用相应的函数，求面积，并输出每个圆的半径及对应的面积，并且输出一次圆的个数。

（3）在 Circle 类中增加一个友元函数的声明，用来求所有圆面积的平均值，并实现该函数的代码，主函数中增加调用此函数的语句，输出所有圆面积的平均值。

题目 3 程序改错，请修改下列程序，尽量减少增行或减行，使程序的运行结果如下。

```
The number of all students: 0
The number of all students: 1
The number of all students: 0
The number of all students: 2
The number of all students: 2
```

要求：类中的数据成员连同访问属性均不可以修改。

错误程序源代码如下。

```
#include <iostream>
using namespace std;
class Student
{
private:
        string name;
        static int total;                    //用来统计学生总人数
public:
        Student()  { total++; }
        ~Student() {  }
        Student(string p="Wang");
        static int GetTotal();
};
static int Student::total=0;
Student::Student(string p="Wang")
{
        name = p;
        total++;
}
static int Student::GetTotal()
{
        return total;
}
int main()
{
        cout<<"The number of all students: "<<Student::total<<endl;
        Student *p=new Student("Li");
        cout<<"The number of all students: "<<p->GetTotal()<<endl;
        delete p;
        cout<<"The number of all students: "<<Student::total<<endl;
        Student s[2];
        cout<<"The number of all students: "<<s[0].total<<endl;
        cout<<"The number of all students: "<<s[1].total<<endl;
        return 0;
}
```

题目 4　根据下面的主函数，补充定义点类 Point 及相关函数，主要成员如下。

（1）私有数据成员：x，y，均为 double 型　//分别表示横坐标和纵坐标；

（2）公有成员函数：

构造函数　　　　　　　//带有默认值，横坐标和纵坐标的默认值均为 0

常成员函数：GetX()　　//用来返回横坐标的值

GetY()　　//用来返回纵坐标的值

Print()　　//用来输出常对象点的坐标

成员函数：Change(……)　//用来改变坐标的值，形参自己设定

Print()　　//用来输出普通点的坐标

（3）友元函数 Area()　　　//求以形参指定的两个点之间的长度为半径求得的圆面积

请将程序补充完整，程序中如果需要定义其他常量或函数请自己补充。主函数代码如下。

```
int main()
{
        const Point p1(2,2);
```

```
        Point p2(-5,3);
        p1.Print();
        p2.Print();
        cout<<"s1="<<Area(p1,p2)<<endl;
        p2.Change(56,34);
        p2.Print();
        cout<<"s2="<<Area(p1,p2)<<endl;
        return 0;
    }
```

题目 5 编写一个程序，对一批学生的资料进行处理。程序的具体要求如下。

（1）编写日期类 Date，它含有 3 个私有 int 型数据成员 year、month、day，分别表示年、月、日。此外，它还含有 5 个公有成员函数，分别是构造函数、显示函数 Show()、取值函数 GetYear()、GetMonth()和 GetDay()。Show()的功能是输出当前对象的日期，GetYear()、GetMonth()、GetDay()的作用分别是返回 year、month 和 day 的值。

（2）编写学生类 Student，它含有 3 个私有数据成员，分别是字符串型变量 name、int 型变量 score 与 Date 型变量 birthday，分别表示学生的姓名、成绩与出生日期。此外，它还含有 5 个公有成员函数，分别是构造函数、显示函数 Show()、取值函数 GetName()、GetScore()和 GetDate()。Show()的功能是输出当前对象的所有信息，GetName()、GetScore()、GetDate()的作用分别是返回 name 的首地址、score 的值以及 birthday 的值。

（3）编写函数 CompareDate。它的原型如下，它的作用是比较日期 d1 和 d2 的前后。如果 d1 在 d2 前，返回-1；如果 d1 在 d2 后，返回 1；如果 d1 和 d2 是同一天，返回 0。

```
    int CompareDate( Date d1, Date d2 );
```

（4）编写函数 SortByName。它的原型如下，它的作用是对 st 数组的前 num 个数据按姓名进行排序。

```
    void SortByName( Student *st , int num );
```

（5）编写函数 SortByScore。它的原型如下，它的作用是对 st 数组的前 num 个数据按成绩进行排序。

```
    void SortByScore( Student *st , int num );
```

（6）编写函数 SortByBirthday。它的原型如下，它的作用是对 st 数组的前 num 个数据按出生日期进行排序。

```
    void SortByBirthday( Student *st, int num );
```

（7）编写函数 PrintStudent。它的原型如下，它的作用是输出 st 数组的前 num 项。

```
    void PrintStudent( Student *st , int num );
```

（8）编写主函数 main()，在 main()中定义对象数组 st，并调用上述函数进行测试。st 数组使用下列数据进行初始化。

```
    Jack, 99, 1990, 2, 5
    Mike, 62, 1989, 12, 25
    Tom, 88, 1990, 3, 14
    Kate, 74, 1989, 10, 15
    Rowen, 92, 1990, 5, 22
```

三、实验指导

1. 题目 1 指导

（1）Girl 类的定义形式如下。

```
class Boy;                                  //类的声明，向前引用
class Girl{
    string name;
    int  age;
public:
    Girl(string N,int A);
    ~Girl()
    {
        cout<<"Girl destructing…\n";
    }
    void Print();
    void VisitBoy(Boy & );                  //在其中访问 Boy 类的私有成员
};
```

观察 Girl 类作为 Boy 类的友元类，在访问 Boy 类成员时的运行结果并记录。

（2）Boy 类的定义形式（与 Girl 类相似）。

```
class Boy
{
      string name;
      int  age;
      //friend Girl;    //将 Girl 类作为 Boy 类的友元类，在做⑤时取消注释
public:
      Boy(string N,int A);
      ~ Boy ()
         {
            cout<<"Boy destructing…\n"; //类似于 Girl 类的代码
         }
      void Print();
      void VisitGirl(Girl & );                //在其中访问 Girl 类的私有成员
};
```

观察 Boy 类的成员函数 VisitGirl 访问 Girl 类的私有成员，观察编译器给出的错误信息，理解友元的不可逆性。

（3）Girl 类中成员函数实现代码，注意此段代码应在 Boy 类定义之后实现。

```
Girl::Girl(string N,int A)
{
     name = N;
     age=A;
     cout<<"Girl constructing…\n";
}
void Girl::Print()
{
     cout<<"Girl's name:  "<<name<<endl;
     cout<<"Girl's age:  "<<age<<endl;
}
void Girl::VisitBoy(Boy & boy)              //在其中访问 Boy 类的私有成员
{
     cout<<"Boy's name:  "<<boy.name<<endl;
     cout<<"Boy's age:  "<<boy.age<<endl;
}
```

按照 Girl 类的实现方式，自行实现 Boy 类。

（4）主函数形式如下。

```
int main()
{
    …                                          //定义 Girl 类对象
    …                                          //定义 Boy 类对象
    …                                          //通过对象调用各自的成员函数
    Girl类对象名.VisitBoy(Boy类对象名);         //Girl 类中访问 Boy 类成员
    Boy类对象名.VisitBoy(Girl类对象名);         //Boy 类中访问 Girl 类成员
   …                                           //其他调用
    return 0;
}
```

根据注释要求完成主函数的定义，并记录输出结果。

（5）在类的声明中将 Boy 类声明为 Girl 类的友元类，在 Boy 类的成员函数 VisitGirl (Girl &)中访问 Girl 类的私有成员，观察编译器给出的信息。

（6）删除 Boy 类中的 VisitGirl(Girl &)，删除 Girl 类中的 VisitBoy(Boy &)，定义一个普通函数 VisitBoyGirl(Boy &, Girl &)；注意要在两个类中均声明其为友元函数，观察访问结果。

2. 题目 2 指导

题目 2 的目的是通过程序掌握静态数据成员的定义及初始化、静态成员函数访问静态数据成员、常数据成员的定义及初始化等知识。

（1）建议用多文件结构实现。类的定义部分放在头文件 Cirlce.h 中；类的成员函数的实现部分放在文件 Cirlce.cpp 中；主函数部分放在 exp3_2.cpp 文件中，注意正确使用条件编译和文件包含。

（2）程序的完成分两步：完成求面积、统计个数部分；然后再向其中添加友元函数，得到平均面积。

（3）友元函数要完成求平均面积，需要一个 Circle 型的指针作形参，因此主函数中的若干对象应当定义为一个对象一维数组，以便在调用友元函数时数组名作实参。

（4）编程细节提示：静态数据成员的初始化必须在类体外进行，并且前面不能再加 static；类的静态成员函数中只操作类的静态数据成员，不要去访问其他成员；常成员的初始化必须在构造函数的初始化列表中；构造函数中应当能给定半径的值，面积的值可以在构造函数中根据半径求解，也可以单独定义另一个成员函数进行求解；输出圆的个数这个信息不能放在输出每个圆的半径及对应面积的成员函数中，如果那样，则会多次输出圆的个数信息，题目中要求只输出一次，因此建议用静态成员函数获得此值然后在主函数中只调用一次输出。

3. 题目 3 指导

题目 3 的目的主要是考查静态数据成员、静态成员函数的定义及使用，另外还考查了函数重载的相关知识。

改错提示，结合编译提示，主要从以下 4 个方面查找出错点。

（1）在定义静态成员的时候，需要用 static，但是 static 关键词只需要在最初定义时使用，而不可以重复使用。

（2）构造函数有 2 个重载版本，在定义对象时是否会发生歧义，如果发生歧义，注意使形参表一定要有所区别，即：不同版本的重载函数对实参的要求上一定要有所区别。

（3）total 中及时保存当前实际有的对象个数，即：当生成对象时增 1，对象撤销时应当减 1。

（4）主函数中只能调用类的 public 属性的成员，而不能调用 private 成员。

观察调用带有默认参数值的函数时，实参与形参的匹配情况。在跟踪调试时注意正确使用两种不同的单步跟踪方法：按 F10 键实现逐过程跟踪，而按 F11 键实现逐语句跟踪。此程序中，只有主函数中求解 r 数组元素的几行需要按 F11 键，其余位置都按 F10 键即可。

通过观察一些特定修改后的错误信息，理解默认参数值的给定位置、给定顺序以及实参在匹配时的顺序等问题。

4．题目 4 指导

题目 4 主要考查常成员函数和常对象的定义、意义及使用。在定义类的成员函数时，如果该函数只是访问类中的数据成员而不作修改，应该养成良好的习惯，将此成员函数定义为常成员函数。

本程序中需要重载 Print()函数，都是无参成员函数，一个是常成员函数，另一个是普通成员函数，二者在定义时首部以是否有 const 作为区别。注意，主函数中因为定义了常对象，因此必须定义常成员函数版本的 Print()供其调用。

此程序在实现时，可以思考一下，如果去掉普通成员函数的定义，只保留常成员函数的定义，观察结果有无变化。

5．题目 5 指导

（1）Date 类、Student 类与 main()的主要代码如下，在横线上补充相应的语句。

```
class Date
{
public:
       Date( int y = 2000 , int m = 1 , int d = 1 )
       {
          year = y;
          month = m;
          day = d;
       }
       void Show()
       {   cout << year << "-" << month << "-" << day << endl;
       }
       int GetYear()
       {   return year;
       }
       int GetMonth()
       {   return month;
       }
       int GetDay()
       {   return day;
       }
private:
       int year,month,day;
};
class Student
{
public:
```

```
        Student(______①______):______②______
        {
            strcpy( name, p );
            score = s;
        }
        void Show()
        {
            cout << name << " " << score << " ";
            ______③______;
        }
        char * GetName()
        {   return name;
        }
        int GetScore()
        {   return score;
        }
        Date GetDate()
        {   return ______④______;
        }
private:
        char name[20];
        int score;
        Date birthday;
};
int main()
{
        Student st[5] = { ______⑤______};
        PrintStudent( ______⑥______);
        SortByName( ______⑦______);
        PrintStudent( ______⑧______);
        SortByScore(______⑨______);
        PrintStudent( ______⑩______ );
        SortByBirthday( ______⑪______);
        PrintStudent(______⑫______ );
        return 0;
}
```

（2）声明、实现下列函数，并运行程序进行测试。

```
int CompareDate( Date d1, Date d2 );
void SortByName( Student *, int num );
void SortByScore( Student *, int num );
void SortByBirthday( Student *, int num );
void PrintStudent( Student *, int num );
```

四、实验预习

（1）阅读主教材第4章全部内容，理解教材中的示例程序，重点理解实验要求的几个知识点。

（2）阅读相关内容，了解调试器的使用方法。会正确运用F10键或F11键进行单步跟踪并能跟踪到被调用函数中，观察程序运行到每一步各变量的变化情况。

（3）阅读本次实验内容及对应的实验指导，提前编写源程序。

实验 4　类的继承与派生

一、实验目的与实验要求

（1）掌握单继承和多重继承下派生类的定义方法，理解基类成员在不同的继承方式下不同的访问属性。

（2）正确定义派生类的构造函数与析构函数，理解定义一个派生类对象时构造函数、析构函数的调用次序。

（3）理解同名冲突的产生原因，会使用虚基类来解决第三类同名冲突问题，并理解引入虚基类后构造函数、析构函数的调用顺序。

（4）理解赋值兼容的相关使用方法。

二、实验内容

题目 1　定义 Point 类，该类包括私有数据成员 double x, y，分别表示平面 x、y 轴上的坐标值，且该类中有以下公有成员函数。

（1）定义坐标默认值为原点(0.0,0.0)的构造函数。

（2）定义以(x,y)形式输出坐标值的 void show()函数。

再定义类 Circle，该类从 Point 类公有继承，增加 double r；表示圆半径。Circle 类有公有的构造函数、double area()函数用于计算圆面积（圆周率取 3.14）、void show()函数用于输出圆心、半径及圆面积的值。

主函数定义如下。

```
int main()
{
    Circle c1(5.3),c2(1.2,-3.4,2.5);
    c1.show();
    c2.show();
    return 0;
}
```

运行后输出结果如下。

```
(0,0)
r=5.3
area=88.2026
(1.2,-3.4)
r=2.5
area=19.625
```

题目 2　定义一个车基类，派生出自行车类和汽车类，并以自行车类和汽车类为基类共同派生出摩托车类，每个类都要定义带有参数的构造函数。自行车类分别使用 private、protected、public 3 种方式来继承车基类，观察基类成员在派生类中的访问属性；观察自行车类、汽车类和摩托车类对象定义时构造、析构函数的调用顺序。最后将车基类定义为虚基类再观察程序运行结果。题目的具体要求如下。

（1）定义基类 Vehicle，它具有两个保护成员变量：MaxSpeed、Weight，有 3 个公有的成员函数：Run()、Stop()、Show()，以及带参数的构造函数、析构函数；再定义 1 个从 Vehicle 公有继承的 Bicycle 类，增加保护属性的成员变量 Height，定义 Bicycle 类的构造函数、析构函数，改造 Show 函数，用于输出本类中的完整信息。main()函数中定义 Bicycle 类对象，观察构造函数和析构函数的执行顺序，以及各成员函数的调用。使用跟踪的方法观察程序运行的每一步究竟调用的是哪一个函数。

（2）在上一步基础上，将继承方式分别改为 protected 和 private，再重新编译，观察这时的报错信息并进行分析。

（3）将 Bicycle 类的继承方式恢复为 public，代码回到第（1）步的状态，再在 Bicycle 类下面增加 1 个第二层汽车类 Car 的定义，Car 也是公有继承基类 Vehicle，其中增加了 1 个保护成员变量 SeatNum，表示汽车有几个座位，其定义方式与类 Bicycle 类似。主函数中定义该类对象，观察运行结果。

（4）在上一步的基础上，再定义 1 个第三层类 MotorCycle，该类以公有方式继承了第 2 层的 Bicycle 和 Car 类。定义其构造函数，要调用两个直接基类的构造函数，再改造函数 Show()，输出所有 4 个成员变量的信息。主函数中只定义类 MotorCycle 的对象并调用相应的函数，代码请参考实验指导 1 的第（4）步。程序进行编译，会产生 4 个错误、8 个警告，因为存在二义性问题，在同名成员前增加“基类名：：”以消除二义性直到程序正确，观察运行结果。

（5）再将代码恢复至上一步未修改前，即存在 4 个错误、8 个警告的状态，再作一定的修改，将 Vehicle 声明为虚基类以消除二义性，同时修改第 3 层类的构造函数，其余代码不变，具体请参考下面题目 2 指导的第（5）步。观察运行结果，理解此时构造函数、析构函数的调用顺序及用虚基类消除二义性的原理。

题目 3 定义 Base 类及它的公有派生类 Derived 类，两个类中均定义带参数的构造函数，基类中定义函数 Show()，派生类中也定义一个同名的 Show()，二者输出内容有所区别。主函数中定义基类的对象、指针、引用，也定义派生类的对象。

（1）对赋值兼容的 4 种情况作测试，对每行的输出结果进行观察，理解赋值兼容何时调用基类的成员函数，什么情况下才会调用派生类的成员函数。

（2）在主函数的“return 0;”语句前增加 4 条语句（详见实验指导部分），观察并记下编译时的报错信息，理解赋值兼容的不可逆性。

三、实验指导

1. 题目 1 指导

（1）Point 类的构造函数只需要定义一个，并且形参带有默认参数值。

（2）Circle 类需要定义两个重载的构造函数，具体参考主函数中对象的定义以及输出结果，需要注意对基类构造函数的调用的体现。

（3）两个类中都定义 show()函数，Point 类的 show 函数只是输出原点的坐标，具体参考输出结果给出输出语句。而 Circle 类的 show 函数可以首先调用基类的 show 函数，注意正确的表达形式，然后再增加半径和面积的输出，这里的面积直接调用 Circle 类中的 area 函数。

2. 题目 2 指导

（1）基类 Vehicle 和派生类 Bicycle 的定义如下，主函数定义派生类对象并调用相应函数，在横线上补充相应的语句。

```
#include <iostream>
using namespace std;
class Vehicle                                        //定义基类
{
protected:
        int MaxSpeed;                                //最大速度
        int Weight;                                  //重量
public:
        Vehicle(int m, int w)                        //初始化成员变量的值
        {
            _______①_______
            _______②_______
            cout << "Constructing Vehicle…\n";
        }
        ~Vehicle()
        {
            cout << "Destructing Vehicle…\n";
        }
        void Run()
        {
            cout << "The vehicle is running!\n";
        }
        void Stop()
        {
            cout << "Please stop running!\n";
        }
        void Show()
        {
            cout << "It\'s maxspeed is:" << MaxSpeed << endl;
            cout << "It\'s weight is:" << Weight << endl;
        }
};

class Bicycle: public Vehicle                            //定义派生类，公有继承
{
protected:
        int Height;                                      //高度，单位：厘米
public:
        Bicycle(int m, int w, int h):____③____           //调用基类构造函数
        {
            _______④_______                              //为本类中新增成员提供初始值
            cout << "Constructing Bicycle…\n";
        }
        ~Bicycle()
        {
            cout << "Destructing Bycycle…\n";
```

```
        }
        void Show()                                //改造基类的 Show 函数
        {
            _____⑤_____      //调用基类 Show 输出 MaxSpeed 和 Weight 值
            _______⑥_______                  //输出本类高度
        }
};
int main()
{
        Bicycle  _____⑦_____                        //定义派生类对象
        b.Run ();                                  //观察构造、析构函数调用顺序
        b.Stop();
        b.Show ();
        return 0;
}
```

（2）将继承方式改为 private 或 protected，观察并分析程序的编译结果。

（3）在 Bicycle 类下面增加 Car 类的定义，参考以下代码，横线部分请补充完整。

```
class Car: public Vehicle                               //定义派生类 Car，公有继承
{
protected:
        int SeatNum;                                    //座位数
        Car (int m, int w, int s) : _____⑧_____         //调用基类构造函数
        {
            _______⑨_______                             //为本类中新增成员提供初始值
            cout << "Constructing Car…\n";
        }
        ~Car()
        {
            cout << "Destructing Car…\n";
        }
        void Show()                                     //改造基类的 Show 函数
        {
            _____⑩_____   //调用基类 Show 输出 MaxSpeed 和 Weight 值
            _____⑪_____                                 //输出本类座位数
        }
};
```

在主函数增加 Car 类对象的定义并调用相应函数，主函数代码如下。

```
int main()
{
        Bicycle  _____⑫_____                            //定义自行车类对象
        b.Run();
        b.Stop();
        b.Show ();
        Car  _____⑬_____                                //定义汽车类对象
        c.Run ();
        c.Stop();
        c.Show ();
        return 0;
}
```

（4）增加的第 3 层类 MotorCycle 及修改以后的 main()函数。

```
class MotorCycle: public Bicycle, public Car      //第 3 层类
{
```

```
public:
        MotorCycle(int m, int w, int h, int s): ____⑭____     //调用基类构造函数
        {
            cout << "Constructing MotorCycle…\n";
        }
        ~MotorCycle()
        {
            cout << "Destructing MotorCycle…\n";
        }
        void Show()                //输出 4 个成员变量的信息，需消除二义性
        {
            cout << "It\'s maxspeed is:" << MaxSpeed << endl;  //错误
            cout << "It\'s weight is:" << Weight << endl;      //错误
            cout << "It\'s height is:" << Height << endl;
            cout << "It\'s seatnum is:" << SeatNum << endl;
        }
};
int main()
{
        MotorCycle ____⑮____                                  //定义摩托车类对象
        mc.Run ();                                             //错误
        mc.Stop();                                             //错误
        mc.Show ();
        return 0;
}
```

（5）将 Vehicle 声明为虚基类以消除二义性，具体要在上面的基础上修改 3 个地方。

- 将“class Bicycle: public Vehicle”改为“class Bicycle: virtual public Vehicle”。
- 将“class Car: public Vehicle”改为“class Car: virtual public Vehicle”。
- 在第 3 层类的构造函数 MotorCycle(int m,int w,int h,int s):____⑯____的初始化列表中增加对虚基类构造函数的调用。

3. 题目 3 指导

（1）赋值兼容原则。

```
#include <iostream>
using namespace std;
class Base
{
public:
        int i;
        Base(int x): i(x)
        {      }
        void show()
        {
            cout << "i in Base is: " << i << endl;
        }
};
class Derived: public Base
{
public:
        Derived(int x): Base(x)
        {  }
        void show()
        {
            cout << "i in Derived is: " << i << endl;
```

```
        }
};
int  main()
{
        Base  ________①________               //定义基类对象b1
        cout << "基类对象 b1.show():\n";
        b1.show();
        Derived  ________②________            //定义派生类对象d1
        ________③________                     //用派生类对象给基类对象赋值
        cout << "基类b1=d1,  b1.show():\n";
        b1.show();
        cout << "派生类对象 d1.show():\n";
        d1.show();
        Base  ________④________               //用派生类对象来初始化基类引用
        cout << "引用b2=d1, b2.show():\n";
        b2.show();
        Base  ________⑤________               //派生类对象的地址赋给指向基类的指针
        cout << "基类指针b3=&d1, b3->show():\n";
        b3->show();
        Derived  *d4 =  ________⑥________     //定义派生类指针并生成新对象
        Base *b4 = d4 ;                       //派生类指针赋给指向基类的指针
        cout << "基类指针b4 = d4, b4->show():\n";
        b4->show(  );
        cout << "派生类指针d4, d4->show():\n";
        d4->show(  );
        delete d4;
        return 0;
}
```

（2）增加4条语句，理解赋值兼容规则的不可逆性。

```
Derived d5 = b1;
Derived &d6 = b1;
Derived *d7 = &b1;
d7 = b3;
```

四、实验预习

（1）阅读主教材第5章全部内容，理解教材中的示例程序。

（2）阅读本次实验内容及对应的实验指导，提前编写源程序。

实验5　多态性

一、实验目的与实验要求

（1）进一步熟悉类的设计、运用继承与派生机制设计派生类，合理设置数据成员和成员函数。

（2）掌握双目运算符、单目运算符的重载方法，对常用算术运算符能在自定义类中通过友元函数、成员函数进行重载，以实现静态多态性。

（3）掌握通过继承、虚函数、基类的指针或引用实现动态多态性的方法。

（4）理解并掌握有纯虚函数的抽象类的作用，在各派生类中重新定义各纯虚函数的方法，以及此时实现的动态多态性。

二、实验内容

题目 1 定义点类 Point，有两个 double 类型的数据成员 x 和 y，分别表示横坐标和纵坐标，要求完成如下内容。

（1）定义坐标默认值为原点(0.0,0.0)的构造函数。

（2）以成员函数形式重载：前置“++”运算符和双目运算符“-”。

（3）用友元函数形式重载：双目运算符“+”（两种版本，详见实验指导部分）、插入运算符。

（4）先根据 main()主函数代码和运行结果，补充类的定义和相关函数的定义，写出完整程序。

（5）程序正确后，删除 main()函数体，根据运行结果，自己重新完成 main()函数。

main()主函数代码如下。

```
int main()
{
    Point  pt1(10.5,20.8),pt2(-5.3,18.4),pt3;
    cout<<"original pt1,pt2,pt3 are:\n";
    cout<<pt1<<pt2<<pt3;
    pt3=pt1+100.8;
    cout<<"after pt3=pt1+100.8, pt3 is:"<<pt3;
    pt3=pt1+pt2;
    cout<<"after pt3=pt1+pt2, pt3 is:"<<pt3;
    pt3=++pt1;
    ++pt2;
    cout<<"after ++  pt1,pt2,pt3 are:\n";
    cout<<pt1<<pt2<<pt3;
    pt3=pt1-pt2;
    cout<<"after pt3=pt1-pt2, pt3 is:"<<pt3;
    return 0 ;
}
```

程序运行结果如下。

```
original pt1,pt2,pt3 are:
(10.5,20.8)
(-5.3,18.4)
(0,0)
after pt3=pt1+100.8, pt3 is:(111.3,121.6)
after pt3=pt1+pt2, pt3 is:(5.2,39.2)
after ++  pt1,pt2,pt3 are:
(11.5,21.8)
(-4.3,19.4)
(11.5,21.8)
after pt3=pt1-pt2, pt3 is:(15.8,2.4)
```

题目 2 定义一个抽象类容器类，其中定义了若干纯虚函数，实现求表面积、体积、输出等功能。由此抽象类派生出正方体、球体和圆柱体等多个派生类，根据需要定义自己的成员变量，在各个派生类中重新定义各纯虚函数，实现各自类中相应功能，各个类成员的初始化均由本类构造函数实现。

（1）在主函数中，定义容器类的指针和各个派生类的对象，使指针指向不同对象处调用相同的函数能执行不同的函数代码，从而实现动态多态性。

（2）定义一个函数 void TopPrint(Container &r)使得主函数中调用该函数时，根据实参所属的类自动调用对应类的输出函数。

（3）主函数中定义一个 Container 类对象，观察编译时的错误信息，从而得出什么结论？

三、实验指导

1. 题目1指导

（1）Point 类的定义中，有2个私有数据成员，有1个带有默认参数值的构造函数；运算符重载函数一共5个，3个友元函数，2个成员函数，注意形参设定的区别。

（2）插入运算符“operator <<”的重载函数具体代码参考运行结果中 Point 类对象的输出形式。

（3）加法运算符“operator +”以友元函数重载，所以有两个形参，根据主函数的代码，有两个重载版本：第一个版本是两个运算对象都是 Point 类的对象；第二个版本是第一运算对象是 Point 类的对象，第二运算对象是 double 类型的值。

（4）前缀“++”运算符重载，返回的是当前对象，注意用“*this”来表示当前对象。

（5）减法运算符“operator -”以成员函数重载，只要提供一个形参，作为第二运算对象。

（6）在程序补充完整正确运行的情况下，删除 main()函数体中的语句，自己根据输出结果补充完整，目的是为了掌握重载运算符的调用方式，可以用隐式或显式方式调用，能得到同样的运行结果就是正确的。

2. 题目2指导

（1）基类 Container 的定义形式如下。

```
class Container
{
protected:
        double radius;
public:
        Container(double r)
        {   …                               //完成构造函数代码
        }
        virtual double area()=0;            //求表面积
        virtual double volume()=0;          //求体积
        virtual void print()=0;             //输出相关信息
};
```

（2）各个派生类的定义形式如下。

```
class Cube:________________             //正方体类，从Container类公有继承
{
    …                                   //构造函数
    …                                   //重新定义基类的3个纯虚函数
```

```
};

class Sphere:________________                   //球类，从 Container 类公有继承
{
    …                                           //构造函数
    …                                           //重新定义基类的 3 个纯虚函数
};
class Cylinder: ______________                  //圆柱体类，从 Container 类公有继承
{
    …                                           //需要增加的成员变量
    …                                           //构造函数
    …                                           //重新定义基类的 3 个纯虚函数
};
```

（3）通过运行结果理解动态多态性，主函数代码如下。

```
int main()
{
    Container *p;                               //定义抽象类指针
    Cube  正方体对象;                            //根据构造函数提供实参
    Sphere  球体对象;                            //根据构造函数提供实参
    Cylinder 圆柱体对象;                          //根据构造函数提供实参
    p=&正方体对象;
    cout<<p->area ()<<endl;
    cout<<p->volume ()<<endl;
    p->print ();
    p=&球体对象;
    cout<<p->area ()<<endl;
    cout<<p->volume ()<<endl;
    p->print ();
    p=&圆柱体对象;
    cout<<p->area ()<<endl;
    cout<<p->volume ()<<endl;
    p->print ();
   return 0;
}
```

（4）在主函数中定义 Container 类的对象，记下编译器的报错信息。

四、实验预习

（1）阅读主教材第 6 章全部内容，理解教材中的示例程序。

（2）阅读本次实验内容及对应的实验指导，提前编写源程序。

实验 6　函数模板与类模板的应用

一、实验目的与实验要求

（1）掌握模板的概念与应用。

（2）掌握函数模板的定义与使用方法。

（3）掌握多个模板参数的类模板的定义与使用方法。

二、实验内容

题目 1 用模板函数实现求 *n* 个数据的最大值。

（1）能求不同数据类型的最大值。

（2）由键盘输入 *n* 个数据。

题目 2 定义一个类模板 Test，该类模板具有 3 个模板参数，其对应的模板参数至少各具有 1 个数据成员，同时该类模板具有 1 个成员函数 Display()，用于输出模板 Test 所定义的各数据成员。

题目 3 将实验 5 中的第 1 题 Point 类改为 1 个类模板，只保留重载的前缀“++”和运算对象都是类对象的“+”，以及输出流“<<”这 3 个运算符函数。主函数中定义类的对象并调用这 3 个函数测试，对象的横坐标和纵坐标分别用以下类型组合（int、int）、（double、double）和（int、double）。

三、实验指导

1. 题目 1 指导

（1）根据要求，将求 *n* 个数据最大值的函数 Findmax 设计为函数模板，用数组表示 *n* 个数据，并将数组大小定义为常数，以方便修改程序，适应数组大小的变化。

（2）请在 main()函数之前，补充完整程序。

```
#include<iostream>
using namespace std;
//…                                          // 根据题目要求，完成模板函数的设计
const int N=5;
int main()
{
    int i,arr[N];
    double dou[N];
    cout<<"输入"<<N<<"个整型数据"<<endl;
    for (i=0;i<N;i++)
        cin>>arr[i];
    cout<<"最大值为"<<FindMax(arr,N)<<endl;
    cout<<"输入"<<N<<"个双精度型数据"<<endl;
    for (i=0;i<N;i++)
        cin>>dou[i];
    cout<<"最大值为"<<FindMax(dou,N)<<endl;
    return 0;
}
```

可以在 main()函数增加字符型数组的操作，熟练掌握适应模板函数。

2. 题目 2 指导

（1）根据要求，设计类模板 Test，并具有 T1、T2、T3 这 3 个模板参数，对应地定义 3 个数据成员 data1、data2、data3。在类内实现构造函数，在类外实现成员函数

Display()。

（2）完成类模板的设计。

```
#include<iostream>
using namespace std;
___________________                          //填入正确的定义方法
class Test
{
   public:
       _____________                         //实现构造函数
       {
           data1=x;
           data2=y;
           data3=z;
       }
       void Display();
  private:
       T1 data1;
       T2 data2;
       T3 data3;
};
// …                                         //在类外实现成员函数 Display()
```

（3）根据所定义对象中的实参值要求实例化相应的模板类。

```
int  main()
{
    ___________ obj1(1,2, 3.3);
    obj1.Display();
    ___________ obj2('A',1.1,2.2);
    obj2.Display();
    ____________  obj3("C++",98,"分");
    obj3.Display();
    return 0;
}
```

3. 题目 3 指导

（1）根据要求，设计类模板 Point，并具有 T1、T2 两个模板参数，需要注意在原来类的定义中，确定的类型名要用模板参数来代替，并且如果是类外定义的成员函数，一定要在每个成员函数前面增加类型模板声明的 template < … >。

（2）在主函数中定义类的对象时，一定要在模板名后跟实际类型参数名形成一个模板类，然后才可以定义相应的对象。

（3）此实验关注的不是运算符的重载，而是类模板的定义与使用，因此原来实验 5 题目 1 中的运算符重载可以只保留前缀“++”“+”和“<<”，在主函数中调用演示。

四、实验预习

（1）阅读主教材第 7 章全部内容，理解教材中的示例程序。

（2）阅读本次实验内容及对应的实验指导，提前补充完整源程序代码。

实验 7　C++的 I/O 操作及文件的使用

一、实验目的与实验要求

（1）掌握在自定义的类中重载提取运算符“>>”和插入运算符“<<”，并输入/输出本类对象。

（2）掌握文件操作的步骤和方法，能利用程序建立数据文件、打开数据文件并进行相关操作。

二、实验内容

题目 1　文件（可事先用记事本建立）d:\course.txt 中存储有若干门课的课程名称和对应选课人数，存储形式示意如下（真正的记录未必是 3 条）。

```
高级语言程序设计          3018
面向对象程序设计及 c++     487
程序设计（实践）          2046
```

定义类 Course，有 2 个私有数据成员表达课程名称和对应选课人数，类中重载提取运算符“>>”和插入运算符“<<”，分别用于从文件中读取信息以及向屏幕输出信息。

主函数中定义 ifstream 对象以及 Course 类的对象，通过“>>”依次读取文件记录，再通过“<<”输出至屏幕。最后输出共有多少条记录。

题目 2　事先用 Windows 的记事本建立一个文本文件“ff.txt”。

（1）编写一个函数 void ReadFile(string s)实现读取以 s 串为文件名的文本文件的内容在屏幕上显示。

（2）编写一个函数 void Change(string s1，string s2)将文本文件中的小写字母全部改写成大写字母生成一个新文件“ff2.txt”。

（3）主函数中调用 ReadFile("ff.txt");显示“ff.txt”的内容，调用“Change ("ff.txt" ,"ff2.txt");”根据“ff.txt”文件作修改生成一个新的文件“ff2.txt”，最后再调用“ReadFile("ff2.txt");”显示新文件的内容。

题目 3　定义学生类，该类包含学生的一些基本信息：学号、姓名、性别和成绩。定义流对象，实现用 write 函数将学生信息以二进制方式写到磁盘文件 stu.dat 中；再用 read 将磁盘中的学生信息读到内存，然后显示在屏幕上。

三、实验指导

1. 题目 1 指导

（1）Course 类的定义如下。

```
class Course
{
    string name;
```

```
    int number;
public:
    friend ostream & operator << (ostream & out,const Course &p);
     friend istream & operator >> (istream & in, Course &p);
};
```

在类外给出 2 个运算符函数的定义。

（2）在主函数中应定义 Course 类的对象数组，先从文件中集中读取记录到放到数组中，然后再输出数组中的所有有效元素，最后输出读出来的记录条数。

（3）用 while (!文件流名.eof())作为读取文件信息的循环判断条件，需要注意的是，读进来的最后一条信息是没有意义的，所以控制输出的时候应去掉。

（4）注意正确的文件应该至少需要包含 std 名字空间中的 fstream、iostream、string 文件，如果需要控制输出的显示格式，还应该包含 iomanip 文件。

2. 题目 2 指导

（1）用记事本建立的文件 ff.txt 中有汉字、英文字母、数字字符及其他字符，并且是多行的，内容如下。

```
我是一名南京邮电大学的学生，
I love programming!
My mobile telephone is :13701478788,
My E-Mail is: mdp@njupt.edu.cn
```

建议将该文件与自己的应用程序放在同一个文件夹下。

（2）文件操作一定要包含头文件 fstream，即有#include <fstream>。

（3）函数 void ReadFile(string s)读取文件内容时要定义 ifstream 流类对象，通过该流的 get(ch)函数读取文件内容到内存字符变量 ch 中，最后一定要用 close()关闭文件。

（4）函数 void Change(string s1, string s2)中串 s1 代表源文件，串 s2 代表目标文件，在函数体内要定义 ifstream 流类对象用来打开源文件，要定义 ofstream 流类对象用来打开目标文件以便写入数据，用 put(ch)函数将内容写入文件，从小写到大写字母的转换：ch=ch-32。

程序的框架如下。

```
#include <iostream>
#include <fstream>
using namespace std;
void ReadFile(string s);
void Change(string s1, string s2);
int main()
{
    ReadFile("ff.txt");
    Change("ff.txt","ff2.txt");
    ReadFile("ff2.txt");
    return 0;
}
void ReadFile(string s)
{
  …                                          //请完成代码
}
void Change(string s1, string s2)
{
  …                                         //请完成代码
```

```
}
```

3. 题目3指导

（1）学生类的定义形式如下，为方便操作，最好定义构造函数并重载插入运算符。

```
class Student
{
    string num;
    string name;
    string sex;
    int score;
public:
    Student(string nu="",string na="",string se="",int s=0);
    friend ostream & operator<<(ostream &out,const Student &s);
};

Student::Student(string nu,string na,string se,int s)
{
    …                               //为各个成员赋值
}
ostream & operator<<(ostream &out,const Student &s)
{
    …                               //依次输出各个成员的值并返回 out
}
```

（2）建立文件用一个函数 void CreateBiFile(string filename)实现，形参在调用时用实际的文件名作为实参，在本函数中需要定义 ofstream 流类对象 out，再定义 Student stu[num]（num 为自己定义的一个整型常量，表示记录条数），以便写入多条学生记录，写入时调用 out.write()函数，可以逐条写入或一次性写入所有学生记录，在程序中究竟写入几条记录可自己决定。函数的定义形式如下所示。

```
void CreateBiFile(string filename)
{
    ofstream out(filename);
    student stu[3]= …               //对象数组的初始化
    out.write(…);                   //两个实参自己填写
    out.close();
}
```

（3）从文件中读出数据并显示用函数 void ReadBiFile(string filename)实现，该函数中需要定义 ifstream 流类对象和 Student 数组，对一个已存在文件的操作用“while (!in.eof())”判断文件是否结束，显示记录可以用“cout<<学生对象名”实现。

```
void ReadBiFile(string filename)
{
    Student stu[num];
    int i=0;
    ifstream in(filename);
    while (!in.eof())
        …                           //读出记录并显示，补充完整
    in.close();
}
```

（4）主函数代码如下。

```
int main()
{
    CreateBiFile("stu.dat");
    ReadBiFile("stu.dat");
```

```
    return 0;
}
```

四、实验预习

（1）阅读主教材第 8 章全部内容，理解教材中的示例程序。

（2）阅读本次实验内容及对应的实验指导，提前编写源程序。

实验 8　一个管理系统的设计与实现

一、实验目的与实验要求

（1）综合运用 C++语言的知识，用面向对象的程序设计思想分析系统，以及类与类之间的关系，主函数通过定义类的对象等机制实现所有功能。

（2）正确地抽象所需要定义的类，定义类中的数据成员及成员函数，提供接口实现相关功能。

（3）分析系统所需要定义的多个类之间的关系，合理规划。

（4）能通过文件实现数据的永久性存储，以及通过文件减少键盘输入工作。

（5）设计友好的人—机交互菜单，通过正确使用相应流程控制语句，在主函数中定义类对象，并根据选择项转去执行相关对象的接口函数，从而实现一个完整的小型管理系统。

二、实验内容

本次实验是一次设计性的实验，学生可以自己提出一个管理系统，或由老师指定，设定相关功能并加以实现。下面提一些共性的要求。

（1）提供良好的人—机界面，便于使用者的操作，提示简洁清晰。

（2）系统中必须有数据文件的支持，对管理系统中的原始数据及最终结果都以数据文件的形式存储。

（3）系统中应提供最常用的几项功能，如信息的浏览、增加、删除、修改，如果需要，还可以设计一些算法，如排序、查找等。

（4）提供便捷的输入/输出功能。

三、实验指导

（1）必须用面向对象的思想来完成实验，分析系统中所涉及的各个类，每一个类中的数据成员及成员函数的作用需要非常明确，类间的关系应当尽可能简单，可以适当地使用友元提高效率。

（2）输入/输出操作请在类内重载提取/插入运算符，如果有运算的，尽可能重载运算符。

（3）数据的永久性存储采用文件格式（可以用文本文件或二进制文件）。

（4）为具有良好的人机交互界面，系统中的各个功能选项均以菜单方式提供选择，如果有必要，可设二级菜单，菜单应当单独定义为一个函数供调用。

四、实验预习

（1）阅读主教材第 2 章～第 8 章的内容，再一次认真疏理面向对象程序设计所要用到的各方面知识。

（2）需要好好消化主教材第 3 章～第 8 章每章最后一节的大程序实例，合理借鉴运用。

（3）提前编写源程序。

参考文献

[1] 朱立华，俞琼，郭剑，朱建. 面向对象程序设计及 C++（第 2 版）. 北京：人民邮电出版社，2012.

[2] 朱立华，俞琼，郭剑，朱建. 面向对象程序设计及 C++实验指导（第 2 版）. 北京：人民邮电出版社，2012.

[3] 陈维兴，林小茶，陈昕. C++面向对象程序设计教程（第 4 版）习题解答与上机指导. 北京：清华大学出版社，2018.

[4] （美）Stanley B. Lippman，Josee Lajoie，Barbara E. C++ Primer 习题集（第 5 版）. 王刚，杨巨峰 改编. 北京：电子工业出版社，2015.

[5] 姚雅娟. C++语言程序设计习题与实验指导. 北京：科学出版社，2018.

[6] 刘君瑞. C++程序设计习题与解析（大学计算机基础教育规划教材）. 北京：清华大学出版社，2011.

[7] 郑莉. C++程序设计基础教程学生用书. 北京：清华大学出版社，2011.